职业教育规划教材

传感器与检测技术

主　编　马东玲　杨　莉

副主编　张　蕊

苏州大学出版社
Soochow University Press

图书在版编目(CIP)数据

传感器与检测技术 / 马东玲,杨莉主编. —苏州:
苏州大学出版社,2020.3(2021.12重印)
职业教育规划教材
ISBN 978-7-5672-3008-8

Ⅰ.①传… Ⅱ.①马… ②杨… Ⅲ.①传感器-检测
-高等职业教育-教材 Ⅳ.①TP212

中国版本图书馆 CIP 数据核字(2019)第 278798 号

传感器与检测技术

马东玲 杨 莉 主编

责任编辑 肖 荣

苏 州 大 学 出 版 社 出 版 发 行
(地址:苏州市十梓街1号 邮编:215006)
常州市武进第三印刷有限公司印装
(地址:常州市武进区湟里镇村前街 邮编:213154)

开本 787 mm×1 092 mm 1/16 印张 14.25 字数 315 千
2020 年 3 月第 1 版 2021 年 12 月第 3 次印刷
ISBN 978-7-5672-3008-8 定价:42.00 元

苏州大学版图书若有印装错误,本社负责调换
苏州大学出版社营销部 电话:0512-67481020
苏州大学出版社网址 http://www.sudapress.com
苏州大学出版社邮箱 sdcbs@suda.edu.cn

Preface　前　言

随着工业自动化技术的迅猛发展,传感器与检测技术的重要性越来越凸显,各高职高专院校已将本课程作为自动化类、机电类、电子信息类、仪器仪表类等专业的专业课程。按照高职高专学生的培养目标和要求,本着理论知识"必需、够用"的原则,以培养技能应用型人才为目标,本书重点突出基础理论知识和实际操作技能,语言精练,通俗易懂,结构编排合理,采用项目式编写体例,适用于高职高专相关专业学生使用。

本书共有十五个项目,每个项目一般包括知识目标、技能目标、项目描述、知识描述、项目实施、项目拓展和练习题等栏目。全书十五个项目分别为:传感器与检测技术概述、电阻应变式传感器、自感式传感器、差动变压器式传感器、电涡流式传感器、电容式传感器、霍尔式传感器、热电式传感器、压电式传感器、光电式传感器、光纤传感器、气敏传感器、湿度传感器、其他传感器简介和信号处理与抗干扰技术。

每个项目均涉及工业生产和生活实践,具有较强的代表性和实用性。本书在内容的选取上,以常见物理量的检测为主线,介绍传感器的工作原理、类型、测量电路、实操方法和具体应用,使学生对基础理论知识有系统深入的理解,为以后的学习奠定基础。同时,本书注重吸收传感器与检测技术领域的新知识、新技术,并将常用传感器单独设置为项目,便于教师根据所在院校的实际情况选择授课内容。

本书由上海工程技术大学高等职业技术学院马东玲、无锡机电高等职业技术学校杨莉担任主编,由上海工程技术大学高等职业技术学院张蕊担任副主编,南京江宁高等职业技术学校张春、钱海燕参与编写。具体编写分工如下:项目一至八由马东玲编写,项目九、附录由张蕊编写,项目十至十五由杨莉编写,张春、钱海燕参与了编写及书稿的校对工作,全书由马东玲进行统稿。

本教程适用学时数为32~56学时,章节编排具有相对独立性,培养不同层次、不同专业的学生时均可选用。

由于编者水平有限,书中不足之处在所难免,恳请广大读者批评指正。

编　者

Contents 目 录

项目一　传感器与检测技术概述

知识目标

① 掌握传感器的定义、组成、作用与分类。

② 掌握传感器的静态特性、动态特性及技术知识。

③ 了解测量基础、测量误差的相关知识。

技能目标

认识实操仪器，并能按要求实现对设备的操作。

项目描述

熟悉信号转换实操模块和 THSRZ-2 型传感器实操台，按照要求进行操作，为后面的实操项目做准备。

知识描述

一、传感器基础知识概述

1. 传感器定义

根据中华人民共和国国家标准（GB/T7665—1987 传感器通用术语）的规定，将传感器定义为：能感受（或响应）规定的被测量并按照一定规律转换成可用输出信号的器件或装置。

由传感器定义可得到以下几个方面的含义：

① 传感器是一种测量装置，能完成规定的测量任务。

② 输入量是某一被测量，可能是物理量、化学量、生物量等。

③ 输出量也是某一物理量，通常情况下是电信号，以便于传输、转换、处理、显示等。

④ 输出量和输入量有对应关系，且应有一定的精确度。

2. 传感器内部组成

传感器内部一般包括三个部分,即敏感元件、转换元件、测量转换电路。传感器内部组成框图如图 1-1 所示。

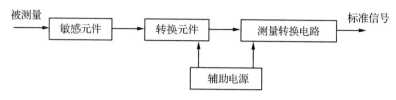

图 1-1　传感器组成框图

（1）敏感元件

敏感元件指传感器中能直接感受或响应被测量（输入量）的部分,并将被测量以一定的确定关系输出为电量或某一易于转化为电量的物理量。例如,石英晶体将力转换为电压量输出,湿敏电阻将湿度转换为电阻的变化。

（2）转换元件

转换元件指传感器中能将敏感元件的输出信号转换成便于传输和测量转换的电信号的部分。

（3）测量转换电路

测量转换电路将转换元件输出的信号转换成便于测量和显示的电量,如电压、电流、频率等。

通常来说,传感器检测、转换、输出的信号一般都很微弱,需要有测量转换电路将其转换并放大为容易传输、处理、记录和显示的信号。但并不是所有传感器都能够严格地区分敏感元件和转换元件,如压电传感器直接将力信号转换为电信号,压电传感器的敏感元件和转换元件合二为一。随着半导体器件与集成技术在传感器中的应用,传感器的组成越来越集成化,传感器的测量转换电路可以安装在传感器的壳体里或与敏感元件一起集成在同一芯片上,使得传感器的应用更加方便、快捷。

辅助电源为传感器信号转换、放大提供能量,但不是所有传感器必须配备的,自发电式传感器不需要辅助电源就能工作,如压电晶体制成的压电式传感器。

3. 传感器的分类

传感器种类繁多,分类方式也有多种,常用分类方法如下:

（1）按工作原理分类

按工作原理可分为结构型和物性型两大类。结构型传感器是指被测量变化时会引起传感器敏感元件结构变化的传感器,如压电式传感器。物性型传感器是指被测量变化时会引起传感器敏感元件物理或化学特性变化的传感器,如气敏传感器。

（2）按被测量性质分类

按被测量性质可分为位移、力、长度、速度、温度、压力、流量、气体成分等传感器。

（3）按传感器能量转换情况分类

按传感器能量转换情况可分为发电型、参量型和特殊传感器。发电型传感器在进行信号转换时不需要加辅助电源,如热电偶传感器、压电式传感器等。参量型传感器在进行信号转换时需要加辅助电源,如电阻式传感器、电感式传感器等。特殊传感器不属于上述两种传感器,如红外探测器、激光检测器等。

（4）按输出量种类分类

按输出量种类可分为模拟量传感器和数字量传感器。模拟量传感器的输出信号为连续的模拟量,如果输出信号要传输给计算机或单片机进行处理,还要经过 A/D 转换为数字量信号。数字量传感器的输出信号为断续的数字量,可以传输给计算机或单片机直接处理或显示。

二、传感器的静态与动态特性

传感器在应用中必须尽量准确地反映输入信号的变化情况。传感器所测量的物理量基本上有两种形式:信号不随时间变化(或变化很缓慢)的稳态(静态或准静态)、信号随时间变化而变化的动态(周期变化或瞬态),即传感器的两种输入输出特性——静态特性和动态特性。传感器的静态特性和动态特性是其主要的性能指标。

1. 传感器的静态特性

通常用来描述静态特性的指标有:灵敏度、线性度、迟滞、重复性、稳定性、漂移、测量范围和分辨力。

（1）灵敏度

灵敏度 S 是传感器在稳态情况下输出量对输入量敏感程度的特性参数,其定义为传感器输出量的变化值与相应的被测量(输入量)的变化值之比,用公式表示为

$$S = \frac{输出量的变化值}{输入量的变化值} = \lim_{\Delta x \to 0} \frac{\Delta y}{\Delta x} = \frac{\mathrm{d}y}{\mathrm{d}x} \tag{1-1}$$

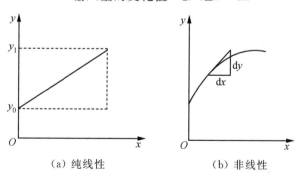

（a）纯线性　　　　　　（b）非线性

图 1-2　传感器灵敏度

纯线性传感器灵敏度为常数;非线性传感器灵敏度与 x 有关,如图 1-2 所示。

（2）线性度

线性度是描述传感器输入输出实际关系曲线偏离理论拟合直线的程度,定义为传感器的输出-输入实际曲线与理论拟合直线之间的最大偏差和传感器满量程输出之比,也称非线性度。通常用相对误差表示其大小,即

$$e_t = \pm \frac{\Delta_{\max}}{y_{fs}} \times 100\% \tag{1-2}$$

理论拟合直线的拟合方法有很多种,常用的有端点拟合、过零旋转拟合、端点平移拟合和最小二乘拟合等方法。

（3）迟滞

迟滞是指传感器输入逐渐增加到某一值,与输入逐渐减小到同一输入值时的输出值不相等的现象,如图 1-3 所示。通常用迟滞差表示这种不相等的程度。迟滞定义为:两曲线之间输出量的最大差值与满量程的输出 y_{fs} 的百分比。产生迟滞现象的原因主要是传感器机械部分存在不可避免的缺陷,如轴承摩擦、间隙、紧固件松动和材料内摩擦等。

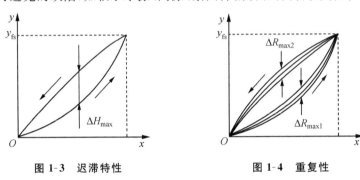

图 1-3　迟滞特性　　　　　　图 1-4　重复性

（4）重复性

重复性是指在相同的工作条件下,在一段短的时间间隔内,传感器输入量按同一方向做满量程变化时,连续先后多次测量所得的一组输出量值的不一致程度,如图 1-4 所示。产生不一致的原因与产生迟滞现象的原因相同。

（5）稳定性

稳定性是指在同样的测量环境下,传感器在一个较长的时间间隔内保持其性能参数不变的能力。实际上,随着时间的推移,大多数传感器的特性会改变,这是因为传感元件或构成传感器的部件的特性会随时间发生变化,产生一种经时变化的现象。

（6）漂移

传感器的漂移是指在输入量不变的情况下,传感器输出量随着时间变化的现象。产生漂移的因素有两个方面:一是传感器自身结构参数;二是周围环境(如温度、湿度等)。最常见的漂移是温度漂移,即周围环境温度变化引起输出量的变化。温度漂移主要表现为温度零点漂移和温度灵敏度漂移。

（7）测量范围

测量范围是指传感器所能测量到的最小输入量与最大输入量之间的范围。

（8）分辨力

分辨力是指传感器能检测到的输入量的最小变化量的能力。对于某些传感器,当输入量连续变化时,输出量只做阶梯变化,则分辨力就是输出量的每个"阶梯"所代表的输入量的大小。对于数字式仪表,分辨力就是仪表指示值的最后一位数字所代表的值。当被测量的变化量小于分辨力时,数字式仪表的最后一位数不变,仍指示原值。当分辨力以满量程输出的百分数表示时,则称为分辨率。

2. 传感器的动态特性

动态特性研究的是特定输入信号作用在传感器上,其输出量随时间变化的响应特性。研究动态特性的常用输入信号为阶跃信号和正弦信号,对应的输出信号称为阶跃响应和频率响应。

（1）阶跃响应的动态特性

在原来处于静态状态的传感器上输入阶跃信号（对传感器突然加载或突然卸载即属于阶跃输入）,在不太长的一段时间内,传感器的输出特性即为其阶跃响应特性。主要利用阶跃响应分析动态过程来研究传感器的动态特性。动态指标通常有最大超调量、时间常数、上升时间、响应时间等。

输入阶跃信号 $u(t) = \begin{cases} 0, & t \leqslant 0, \\ 1, & t > 0, \end{cases}$ 如图 1-5 所示。

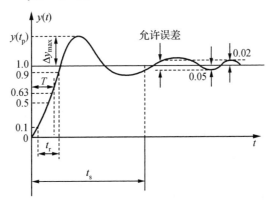

图 1-5　阶跃响应特性曲线图

① 最大超调量 $\sigma_p \%$。

最大超调量是输出量 $y(t)$ 与稳态值 $y(\infty)$ 的最大偏差 Δy_{max} 和稳态值 $y(\infty)$ 之比,它反映了系统的动态精度。超调量越小,说明系统过渡过程进行得越平滑。

② 时间常数 T。

时间常数指输出量上升到稳定值的 63% 所需的时间。一阶传感器时间常数 T 越小,响应速度越快。

③ 响应时间 t_s。

响应时间又称为调节时间或过渡过程时间,指系统响应曲线与其稳态值之差达到并且不再超过规定的误差范围所需的时间,其误差范围 δ 一般定为 $\pm 2\% \sim \pm 5\%$。它反映了系统的快速性能,建立时间越小,系统快速性越好。

④ 上升时间 t_r。

上升时间指传感器输出达到稳态值的 90% 所需的时间。t_r 越小,响应速度越快。

⑤ 振荡次数 N。

振荡次数指 t_s 时间范围内输出信号的振荡周期数,即 t_s 时间内系统响应曲线穿越稳态值的次数的一半。振荡次数越少,系统稳定性能越好。

⑥ 稳态误差 e_{ss}。

稳态误差是指当 $t\to\infty$ 时,传感器阶跃响应的实际值与期望值之差,它反映了传感器的稳定性。

（2）频率响应的动态特性

频率响应是指在传感器上加入幅值不变、频率变化的正弦信号,传感器对于频率变化所产生的响应。频率响应的动态特性常用参数有通频带 BW、时间常数 τ 和固有频率 ω。

① 通频带。

通频带是指传感器增益保持在一定值内的频率范围,即对数幅频特性曲线上幅值衰减 3 dB 时所对应的频率范围分别对应有上、下截止频率。

② 时间常数。

时间常数用来表征一阶传感器的动态特性。时间常数 τ 值越小,频带越宽。

③ 固有频率。

固有频率用来表征二阶传感器的动态特性。固有频率 ω 值越大,快速性越好。

三、测量误差

测量是借助专门的技术和仪表设备,采用一定的方法取得某一客观事物定量数据资料的认识过程。测量的目的是为了得到被测量的真实值,但在测量过程中测量值受多种因素影响,如外界环境干扰、测量方法不当、传感器本身性能受限等,会造成测量值与真实值之间有误差,这就是测量误差。

1. 测量误差的相关基本概念

（1）真实值

真实值是指被测量的实际值,简称真值。真值通常是无法准确测量的,通常意义上的真值包括理论真值、约定真值和相对真值。

（2）理论真值

理论真值是指具有严格定义的被测量,也称为绝对真值。如直角的角度为 90°。

（3）约定真值

约定真值是一个接近真值的值,它与真值之差可忽略不计。实际测量中以在没有系统误差的情况下,足够多次的测量值的平均值作为约定真值。

（4）相对真值

相对真值也叫实际值。将测量仪表按精度不同分为若干等级,高等级的测量仪表的测量值即为相对真值。

（5）标称值

标称值是指测量仪表上表明其特性或指导其使用的量值。

（6）示值

示值是指测量仪表上显示的被测量的数值。

2. 测量误差的分类

根据测量误差出现的规律,测量误差可以分成以下三类:

（1）系统误差

系统误差是指在同样的测量环境下,多次测量同一被测量时,误差的数值固定或按一定规律变化的误差。系统误差是有规律的,因此可以通过实操的方法或引入修正值的方法计算修正,也可以重新调整测量仪器的有关部件使系统误差尽量减小。

（2）粗大误差

粗大误差是指明显偏离真值的误差。这类误差多是因为测量不当或环境突变时产生的,当发现粗大误差时应予以剔除。

（3）随机误差

在同样的测量环境下,多次测量同一被测量,有时会发现测量值时大时小,误差的绝对值及正、负以不可预见的方式变化,这样的误差称为随机误差。随机误差反映了测量值离散程度的大小。引起随机误差的因素称为随机效应。随机误差是测量过程中许多独立的、微小的、偶然的因素引起的综合结果。

3. 测量误差的表示方法

测量误差有多种表示方法,常用方法如下:

（1）绝对误差

绝对误差是被测量的示值与真值之间的差值,即

$$\Delta = A_x - A_0 \tag{1-3}$$

式中:Δ 为绝对误差;A_0 为真值;A_x 为被测量的示值。

由于真值是无法测得的,在实际应用中,通常以用精度高于标准仪器测出的示值代替真值。因此,绝对误差变为

$$\Delta = A_x - A \tag{1-4}$$

式中:A 为用精度高于标准仪器测出的示值。

绝对误差反映了测量的精度,绝对误差越大,测量精度越低。

（2）相对误差

相对误差是指绝对误差与被测量的示值之比,通常用百分数表示,即

$$\gamma_x = \frac{\Delta}{A_x} \times 100\% \tag{1-5}$$

式中:γ_x 为示值（标称）相对误差。

用相对误差可以更好地说明测量质量的好坏,只用绝对误差无法精确地体现测量误差。

（3）引用误差

引用误差是指绝对误差与测量仪表的满度值的比值,通常用百分数表示,即

$$\gamma_{\mathrm{m}} = \frac{\Delta}{A_{\mathrm{m}}} \times 100\% \tag{1-6}$$

式中：γ_{m} 为引用误差；A_{m} 为测量仪表的满度值。

引用误差常用于评价测量仪表的准确度，是一种通用的仪表误差表示方法。

当 Δ 取仪表的最大绝对误差值 Δ_{m} 时，引用误差常被用来确定仪表的准确度等级 S，即

$$S = \left| \frac{\Delta_{\mathrm{m}}}{A_{\mathrm{m}}} \right| \times 100\% \tag{1-7}$$

我国的模拟仪表有下列七种等级，准确度等级的数值越小，仪表就越昂贵。

表 1-1   仪表的准确度等级和基本误差

准确度等级	0.1	0.2	0.5	1.0	1.5	2.5	5.0
基本误差	±0.1%	±0.2%	±0.5%	±1.0%	±1.5%	±2.5%	±5.0%

（4）基本误差

基本误差是指测量仪表在标准条件下工作时所具有的误差。如测量仪表在测量环境、电源电压、电网频率等条件处于规定的波动范围内工作时产生的误差。

（5）附加误差

附加误差是指传感器或测量仪表的使用条件偏离额定条件时出现的误差。如电网频率附加误差、电源电压波动附加误差等。

【例 1-1】 某压力表准确度为 2.5 级，量程为 0～1.5 MPa，求：

（1）可能出现的最大满度相对误差 γ_{m}。

（2）可能出现的最大绝对误差 Δ_{m}。

（3）测量结果显示为 0.80 MPa 时，可能出现的最大示值相对误差 γ_x。

【解】 （1）可能出现的最大满度相对误差可以从准确度等级直接得到，即 $\gamma_{\mathrm{m}} = \pm 2.5\%$。

（2）$\Delta_{\mathrm{m}} = \gamma_{\mathrm{m}} \times A_{\mathrm{m}} = \pm 2.5\% \times 1.5 \text{ MPa} = \pm 0.037\ 5 \text{ MPa} = \pm 37.5 \text{ kPa}$。

（3）$\gamma_x = \dfrac{\Delta_{\mathrm{m}}}{A_x} \times 100\% = \dfrac{\pm 0.037\ 5}{0.80} \times 100\% = \pm 4.69\%$。

【例 1-2】 现有准确度为 0.5 级的 0～300 ℃ 的温度计和准确度为 1.0 级的 0～100 ℃ 的温度计，要测量 80 ℃ 的温度，试问采用哪一个温度计较好？

【解】 计算用 0.5 级温度计可能出现的最大示值相对误差：

$$\Delta_{\mathrm{m}} = \gamma_{\mathrm{m}} \times A_{\mathrm{m}} = \pm 0.5\% \times 300 \text{ ℃} = \pm 1.5 \text{ ℃}$$

$$\gamma_x = \frac{\Delta_{\mathrm{m}}}{A_x} \times 100\% = \frac{\pm 1.5}{80} \times 100\% = \pm 1.88\%$$

计算用 1.0 级温度计可能出现的最大示值相对误差：

$$\Delta_{\mathrm{m}} = \gamma_{\mathrm{m}} \times A_{\mathrm{m}} = \pm 1\% \times 100 \text{ ℃} = \pm 1 \text{ ℃}$$

$$\gamma_x = \frac{\Delta_{\mathrm{m}}}{A_x} \times 100\% = \frac{\pm 1}{80} \times 100\% = \pm 1.25\%$$

计算结果表明，用 1.0 级温度计比用 0.5 级温度计的最大示值相对误差的绝对值小，所

以更合适。

由上例得出结论：在选用仪表时应兼顾准确度等级和量程，通常希望示值落在仪表满度值的 $\frac{2}{3}$ 以上。

【例 1-3】　用核辐射式测厚仪对钢板的厚度进行 6 次等精度测量，所得数据（单位为 mm）如表 1-2 所示，请指出哪几个数值为粗大误差。在剔除粗大误差后，计算钢板厚度。

【解】　第 4 次精度测量为粗大误差。

用求平均值 $\overline{x}$ 的公式求出钢板厚度：

$$\overline{x} = \frac{1}{n}\sum_{i=1}^{n} x_i = \frac{x_1 + x_2 + x_3 + \cdots + x_n}{n} = 8.00 \text{ mm}$$

表 1-2　钢板测量结果的数据列表

n	x_i/mm
1	8.04
2	8.02
3	7.96
4	5.99
5	9.33
6	7.98

项目实施

实操　认识 THSRZ-2 型传感器系统综合实操装置

一、实操设备概述

THSRZ-2 型传感器系统综合实操装置是将传感器、检测技术及计算机控制技术有机结合，成功开发出来的新一代传感器系统实操设备。适用于各大、中专院校开设的"传感器原理""非电量检测技术""工业自动化仪表与控制"等课程的实操教学。

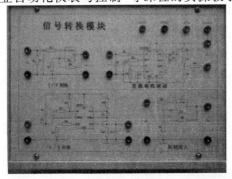

图 1-6　THSRZ-2 型传感器系统综合实操装置

二、装置特点

① 实操台桌面采用高绝缘度、高强度、耐高温的高密度板,具有接地、漏电保护、采用高绝缘的安全型插座,安全性符合相关国家标准。

② 完全采用模块化设计,将被测源、传感器、检测技术有机结合,使学生能够更全面地学习和掌握信号传感、信号处理、信号转换、信号采集和传输的整个过程。

③ 紧密关注传感器与检测技术的最新进展,全面展示传感器相关的技术。

三、设备构成

实操装置由主控台、检测源模块、传感器及调理(模块)、数据采集卡组成。

1. 主控台

① 信号发生器:1～10 kHz 音频信号,V_{p-p} 为 0～17 V 连续可调。

② 1～30 Hz 低频信号,V_{p-p} 为 0～17 V 连续可调,有短路保护功能。

③ 四组直流稳压电源:+24 V,±15 V,+5 V,±2～±10 V 分五挡输出,0～5 V 可调,有短路保护功能。

④ 恒流源:0～20 mA 连续可调,最大输出电压 12 V。

⑤ 数字式电压表:量程 0～20 V,分为 200 mV、2 V、20 V 三挡,精度 0.5 级。

⑥ 数字式毫安表:量程 0～20 mA,三位半数字显示,精度 0.5 级,有内测、外测功能。

⑦ 频率/转速表:频率测量范围 1～9 999 Hz,转速测量范围 1～9 999 rpm。

⑧ 计时器:范围为 0～9 999 s,精确到 0.1 s。

⑨ 高精度温度调节仪:具有多种输入输出规格、人工智能调节以及参数自整定功能、先进控制算法,温度控制精度 ±0.5 ℃。

2. 检测源

加热源:0～220 V 交流电源加热,温度可控制在室温～120 ℃。

转动源:0～24 V 直流电源驱动,转速可调范围在 0～3 000 rpm。

振动源:振动频率 1～30 Hz(可调),共振频率 12 Hz 左右。

3. 检测源可选配

制冷井:半导体制冷,温度范围:－5 ℃～室温。

单容水箱:分为储水箱和液位水箱,储水箱 5 L,液位 0～180 mm,24 V 直流泵,流量 0.1 m³/h。

4. 各种传感器

传感器包括应变传感器:金属应变传感器、差动变压器、差动电容传感器、霍尔位移传感器、扩散硅压力传感器、光纤位移传感器、电涡流传感器、压电加速度传感器、磁电传感器、PT100、AD590、K 型热电偶、E 型热电偶、Cu50、PN 结温度传感器、NTC、PTC、气敏传感器(酒精敏感、可燃气体敏感)、湿敏传感器、光敏电阻、光敏二极管、红外传感器、磁阻传感器、光电开关传感器、霍尔开关传感器。

5. 传感器选配

传感器选配包括扭矩传感器、光纤压力传感器、超声位移传感器、PSD 位移传感器、CCD 电荷耦合传感器、圆光栅传感器、长光栅传感器、液位传感器、涡轮式流量传感器。

四、处理电路

处理电路包括电桥、电压放大器、差动放大器、电荷放大器、电容放大器、低通滤波器、涡流变换器、相敏检波器、移相器、V/I 转换电路、F/V 转换电路、直流电机驱动等。

五、数据采集

高速 USB 数据采集卡含 4 路模拟量输入、2 路模拟量输出、8 路开关量输入输出、14 位 A/D 转换，A/D 采样速率最大为 400 kHz。

上位机软件配合 USB 数据采集卡使用，实时采集实操数据，对数据进行动态或静态处理和分析，具备双通道虚拟示波器、虚拟函数信号发生器、脚本编辑器功能。

 练习题

1. 画出传感器组成框图，并简述传感器由哪几部分组成，说明各部分的作用。

2. 什么是传感器的静态特性？它有哪些指标？

3. 什么是传感器的动态特性？它有哪些指标？

4. 系统误差分几类？怎样减小系统误差？

5. 产生随机误差的原因是什么？如何减小随机误差对测量结果的影响？

6. 有三台测温仪表，量程均为 0～900 ℃，精度等级分别为 2.5 级、2.0 级和 1.5 级，现要测量 500 ℃ 的温度，要求相对误差不超过 2.5%，选哪台仪表合适？

7. 预测 240 V 左右的电压，要求测量示值相对误差的绝对值不大于 0.6%。

(1) 若选用量程 250 V 的电压表，精度选哪一级？

(2) 若选用量程 300 V、500 V 的电压表，精度各选哪一级？

8. 已知预测拉力约为 70 N。有两只测力仪表，一只为 0.5 级，测量范围为 0～500 N；另一只为 1.0 级，测量范围为 0～500 N。选哪一只仪表好？为什么？

项目二 电阻应变式传感器

(知)(识)(目)(标)

① 了解电阻应变效应的基本概念。

② 掌握电桥原理与电阻应变计桥路。

③ 掌握应变计的静态性能和动态性能。

④ 掌握温度误差产生的原因及其补偿方法。

(技)(能)(目)(标)

通过对电阻应变式传感器原理的学习,在掌握实操技能的基础上,实现对电阻应变式传感器相关参数的测量。

(项)(目)(描)(述)

在 THSRZ-2 型传感器实操台上按照要求进行操作,进行金属电阻式传感器实操训练,并进行电子秤应用实操。

(知识描述)

电阻式传感器的工作原理是先将被测量的变化转换成电阻值的变化,再用测量转换电路将电阻值的变化转换为电信号,实现通过电阻元件测量非电量信号的目的。电阻应变式传感器由弹性元件、电阻应变片和测量转换电路组成,其中电阻应变片是核心元件。电阻应变式传感器可用于测量形变、力、力矩、位移等参数。

一、金属电阻应变片的工作原理

1. 金属应变效应

金属电阻应变片的工作原理是基于金属应变效应的:在金属丝的电阻上施加外力,随着它所受的机械形变(拉伸或压缩)而发生相应变化的现象称为金属的电阻应变效应。其电阻值为

$$R = \rho \frac{L}{A} \tag{2-1}$$

式中:ρ 为电阻率;L 为电阻丝长度;A 为电阻丝的截面积。

当电阻丝在外力作用下被拉长时,ρ、L、A 都会发生改变,变化量分别为 $\Delta\rho$、ΔL、ΔA,因

此电阻相对变化量为

$$\frac{\Delta R}{R}=\varepsilon_R=K\varepsilon_x \tag{2-2}$$

式中：ε_R 为电阻应变；K 为电阻丝灵敏度；ε_x 为纵向应变。

电阻相对变化量与纵向应变成正比，即电阻相对变化量与纵向应变在电阻丝拉伸极限范围内基本上是线性的。

2. 应变片的结构与分类

金属电阻应变片是由敏感栅、基片、覆盖层和引线组成的，如图 2-1 所示。敏感栅由高阻金属丝或金属箔弯曲成栅状；基片主要起到固定和绝缘的作用，一般厚度为 0.03～0.06 mm；覆盖层起到保护作用；引线与外部电路相连。

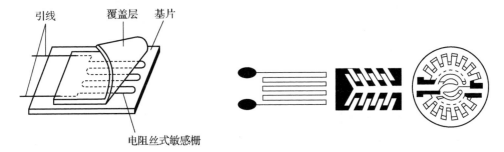

图 2-1　金属电阻丝应变片的结构　　　图 2-2　金属箔式应变片的结构

金属电阻应变片的核心元件是敏感栅，根据敏感栅的不同，金属应变片可分为金属丝式、金属箔式和薄膜式。

（1）金属丝式应变片

金属丝式应变片的制作方法是：将直径为 0.01～0.05 mm 的金属丝黏合在基底上，基底有纸基和胶基等种类。金属丝式应变片易于制作、性能稳定，多用于要求不高的应变、应力的大批量、一次性试操。

（2）金属箔式应变片

金属箔式应变片的制作方法是：利用照相制版或光刻、腐蚀等工艺，将厚度为 1～10 μm 的金属箔制作在基底上。金属箔式应变片散热性好，允许通过的电流较大，疲劳寿命长，蠕变小，正逐渐取代金属丝式应变片。

（3）薄膜式应变片

薄膜式应变片的制作方法是：采用真空蒸镀或溅射沉积等方法在薄的绝缘基片上形成 0.1 μm 以下金属电阻薄膜的敏感栅，最后加上保护层。薄膜式应变片的应变灵敏度系数大，允许的电流密度大，可以获得更高的输出和更佳的稳定性，工作范围广，是一种很有前途的新型应变片。

二、金属电阻应变片的主要特性

在选用应变片时要考虑的主要性能参数有以下几个。

1. 应变片的电阻值

应变片的电阻值 R_0 是指在其未被使用的情况下,室温时测得的电阻值。R_0 已经标准化了,主要规格有 60 Ω、120 Ω、200 Ω、500 Ω、1 000 Ω 等,其中最常用的是 120 Ω。

2. 应变片的灵敏度系数

应变片的灵敏度系数 K 是指应变片在轴线方向的外力作用下,其电阻值的相对变化与轴向应变之比。应变片的灵敏度系数 K 并不等于其敏感栅整长应变丝的灵敏度系数 K_s,一般情况下,$K < K_s$。

3. 应变片的横向效应

在单位应力、双向应变情况下,横向应变总是起着抵消纵向应变的作用。应变片的这种既对纵向应变敏感,又受横向应变影响而使灵敏系数及相对电阻比都减小的现象,称为横向效应。将同样长的金属线材做成敏感栅后,对同样的应变,应变片敏感栅的电阻变化变小,灵敏度降低,这种现象称为应变片的横向效应。为了减少横向效应的影响,可采用短接式横栅或箔式应变片。

4. 应变极限

应变极限是指粘贴在试件上的应变片所能测量的最大应变值。在一定的温度下,对试件缓慢地施加均匀的拉伸载荷,当应变片的示值对真实应变值的相对误差大于 10% 时,真实应变值就作为该应变片的应变极限。

5. 机械滞后和热滞后

保持外界条件不变,在对试件循环加载、卸载的过程中,对同一载荷,应变片输出有差值称为应变片的机械滞后。当试件受到恒定外力,环境温度改变时应变片的电阻值也要变化,在循环改变温度时,应变片在同一温度下电阻有差值称为应变片的热滞后。

6. 零漂和蠕变

零漂是指恒定温度下,粘贴在试件上的应变片在不承受载荷的条件下电阻随时间变化的特性。产生零漂的主要原因是,敏感栅通过工作电流后的温度效应使应变片的内应力逐渐变化,黏结剂固化不充分等。

蠕变是指已安装好的应变片在一定温度下示值随时间变化的特性。

7. 允许电流

允许电流是指允许通过应变片而不影响其工作的最大电流值。工作电流大,应变片输出信号就大,因而灵敏度就高。但过大的工作电流会使应变片过热,灵敏系数变化,零漂、蠕变增加,甚至应变片烧坏。

三、测量转换电路

传感器检测、转换、输出的信号一般都很微弱,需要测量转换电路将其变换并放大为容易传输、处理、记录和显示的信号。根据激励电源的不同,测量转换电路分为直流和交流两大类,电阻式传感器一般采用直流转换电路,而直流转换电路中最常用的就是电桥电路。

1. 直流电桥的平衡条件

直流电桥(又称为惠斯登电桥)的连接方式如图 2-3 所示,电桥四个桥臂电阻分别为 R_1、R_2、R_3、R_4,电桥输入直流电压为 U,输出电压为 U_o。

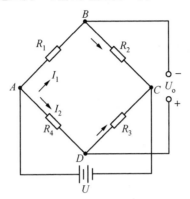

图 2-3　直流电桥

直流电桥的四个桥臂电阻都可作为应变片,电桥电路的输出端连接运算放大器,运算放大器的输入电阻很高。因此,输出端近似开路,输出电压可看作电桥电路 B、D 两点间的开路电压。由此,可计算得到输出电压 U_o 的表达式:

$$U_o = U_B - U_D = \frac{R_1}{R_1 + R_2}U - \frac{R_3}{R_3 + R_4}U = \frac{R_1 R_4 - R_2 R_3}{(R_1 + R_2)(R_3 + R_4)}U \quad (2-3)$$

由式(2-3)可知,当电桥电路达到平衡状态,即输出电压 U_o 为零,$R_1 R_4 = R_2 R_3$ 或 $\dfrac{R_1}{R_2} = \dfrac{R_3}{R_4}$ 称为直流电桥平衡条件,说明欲使电桥达到平衡,其相邻两臂电阻的比值应相等。

当电桥的四个电阻中的一个或多个用作应变片时,应变片随试件发生改变,直流电桥平衡条件被打破,输出电压不为零,输出电压值的状态即可反映传感器测量信号的变化情况。

2. 直流电桥工作方式

直流电桥根据桥臂电阻作为应变片的情况,分成半桥单臂、半桥双臂、全臂桥三种工作方式。

若直流电桥中的四个电阻 R_1、R_2、R_3、R_4 都为应变片,当试件变形时,应变片 R_1、R_2、R_3、R_4 的阻值分别改变了 ΔR_1、ΔR_2、ΔR_3、ΔR_4,输出电压 U_o 为

$$U_o = \frac{(R_1 + \Delta R_1)(R_4 + \Delta R_4) - (R_2 + \Delta R_2)(R_3 + \Delta R_3)}{(R_1 + \Delta R_1 + R_2 + \Delta R_2)(R_3 + \Delta R_3 + R_4 + \Delta R_4)}U \quad (2-4)$$

若取 $R_1 = R_2 = R_3 = R_4 = R$,则输出电压 U_o 变为

$$U_o = \frac{\Delta R_1 - \Delta R_2 + \Delta R_3 - \Delta R_4 + \Delta R_1 \Delta R_4 - \Delta R_2 \Delta R_3}{(2R + \Delta R_1 + \Delta R_2)(2R + \Delta R_3 + \Delta R_4)} \quad (2-5)$$

一般应变片的变化量远远小于其自身的阻值,即 $\Delta R_i \ll R_i$,同时忽略上式中的高阶微小量,则输出电压 U_o 简化为

$$U_o = \frac{U}{4}\left(\frac{\Delta R_1}{R} - \frac{\Delta R_2}{4} + \frac{\Delta R_3}{R} - \frac{\Delta R_4}{R}\right) \quad (2-6)$$

已知 $\dfrac{\Delta R}{R} = K\varepsilon$，$K$ 为灵敏度，ε 为应变极限，上式变为

$$U_o = \frac{U}{4}K(\varepsilon_1 - \varepsilon_2 + \varepsilon_3 - \varepsilon_4) \tag{2-7}$$

（1）半桥单臂工作方式

直流电桥中的任一电阻作为应变片，如 R_1，其余三个电阻 R_2、R_3、R_4 为固定电阻，这就是半桥单臂工作方式，如图 2-4 所示。

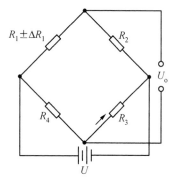 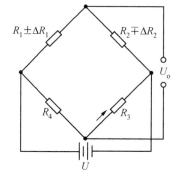 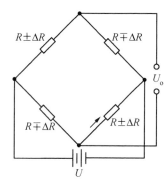

图 2-4　半桥单臂工作方式　　　图 2-5　半桥双臂工作方式　　　图 2-6　全桥臂工作方式

当试件变形时，应变片 R_1 的阻值改变了 ΔR_1，其余桥臂电阻阻值不变，输出电压 U_o 为

$$U_o = \frac{U}{4} \cdot \frac{\Delta R_1}{R} = \frac{U}{4}K\varepsilon_1 \tag{2-8}$$

半桥单臂的电压灵敏度为

$$K_U = \frac{U}{4} \tag{2-9}$$

式中：K_U 为电桥的电压灵敏度。

（2）半桥双臂工作方式

直流电桥中的同一桥臂的两个电阻作为应变片，如 R_1 和 R_2，其余两个电阻 R_3、R_4 为固定电阻，这就是半桥双臂工作方式，如图 2-5 所示。

当试件变形时，应变片 R_1 和 R_2 的阻值分别改变了 ΔR_1 和 ΔR_2，其余桥臂电阻阻值不变，输出电压 U_o 为

$$U_o = \frac{U}{4}\left(\frac{\Delta R_1}{R} - \frac{\Delta R_2}{R}\right) = \frac{U}{4}K(\varepsilon_1 - \varepsilon_2) \tag{2-10}$$

若 R_1 和 R_2 的电阻变化量中 ΔR_1 和 ΔR_2 大小相等，方向相反，即 $\Delta R_1 = \Delta R_2 = \Delta R$，应变极限 $\varepsilon_1 = \varepsilon_2 = \varepsilon$，则 $U_o = \dfrac{U}{2}K\varepsilon$，那么半桥双臂的电压灵敏度为

$$K_U = \frac{U}{2} \tag{2-11}$$

（3）全桥臂工作方式

直流电桥中的四个电阻都作为应变片，这就是全桥臂工作方式，如图 2-6 所示。

全桥臂的输出电压 U_o 为

$$U_o = \frac{U}{4}\left(\frac{\Delta R_1}{R} - \frac{\Delta R_2}{R} + \frac{\Delta R_3}{R} - \frac{\Delta R_4}{R}\right) \qquad (2\text{-}12)$$

若 R_1、R_2、R_3、R_4 的电阻变化量中 ΔR_1 和 ΔR_2、ΔR_3 和 ΔR_4 大小相等,方向相反,即 $\Delta R_1 = \Delta R_2 = \Delta R_3 = \Delta R_4 = \Delta R$,应变极限 $\varepsilon_1 = \varepsilon_2 = \varepsilon_3 = \varepsilon_4 = \varepsilon$,则 $U_o = UK\varepsilon$,那么全桥臂的电压灵敏度为

$$K_U = U \qquad (2\text{-}13)$$

由上述三种工作方式可知,全桥臂工作方式的电压灵敏度 K_U 最大,半桥双臂次之,半桥单臂最低。在应变片电阻相对变化相同的情况下,电桥输出电压越大,电桥越灵敏。提高电源电压可以使得灵敏度 K_U 变高,但电源电压受应变片允许功耗的限制,不能无限制地增大。

四、温度误差及其补偿

1. 温度误差产生的原因

当环境温度变化时,应变片的电阻会受温度影响而发生变化,这种变化会在测量结果中引起很大的误差,称为应变片的温度误差。温度误差产生的原因主要有以下两个。

① 电阻温度系数的影响:敏感栅的电阻丝阻值随温度变化。

② 试件材料与应变丝材料线膨胀系数不一致。当试件材料与应变丝材料线膨胀系数一致时,电阻丝阻值的变化只与电阻温度系数有关;当试件材料与应变丝材料线膨胀系数不一致时,电阻丝会产生附加变形。阻值的变化不仅与电阻温度系数有关,还和试件材料与应变丝材料线膨胀系数不一致程度有关。

2. 温度补偿方法

对应变片的温度误差需要进行相应的补偿,常用的补偿方法有以下三种。

（1）电桥补偿法

工作应变片 R_1 贴在试件上,补偿片 R_B 贴在补偿件上,补偿件不受力,将 R_1、R_B 接入电桥相邻的桥臂,R_3、R_4 为固定电阻且 $R_3 = R_4$,电桥如图 2-7 所示。

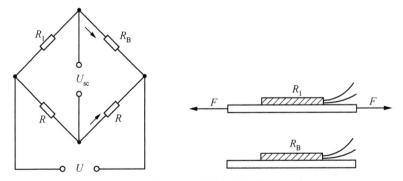

图 2-7 电桥补偿法

此时输出电压为

$$U_o = \frac{U}{4}\left(\frac{\Delta R_1}{R_1} - \frac{\Delta R_B}{R_B}\right) = \frac{U}{4}(\varepsilon_1 - \varepsilon_B) \qquad (2\text{-}14)$$

R_1 和 R_B 所在的两个相邻桥臂处于同样的环境温度下,当环境温度发生变化时,温度变化使 R_1 和 R_B 产生的电阻变化 ΔR_1 和 ΔR_B 相等,电桥输出电压 U_o 与温度无关,从而实现了

应变片的温度误差补偿。

如图 2-8 所示,当工作应变片 R_1、补偿片 R_B 贴在同一试件上但两者处于不同受力面时,两者受到的外界应力方向相反。当测试件受外力发生形变时,上部的应变为拉应变,下部为压应变,两者绝对值相等、符号相反,R_1 与 R_B 受力产生的变化值大小相等、方向相反,电桥的输出电压增加一倍。此时 R_B 既起到了温度补偿作用,又提高了灵敏度,而且可补偿非线性误差。

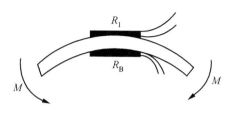

图 2-8 补偿片粘贴示意图

(2) 应变片自补偿法

应变片自补偿法是通过精心选配敏感栅材料与结构参数,使得当温度变化时,产生的附加应变为零或相互抵消。若要使应变片在温度发生变化时,应变片的输出电压不受影响,必须满足以下条件:

$$\alpha_0 = -K_0(\beta_g - \beta_s) \tag{2-15}$$

式中:α_0 为敏感栅电阻温度系数;K_0 为电阻灵敏度系数;β_s 为电阻线膨胀系数;β_g 为试件材料膨胀系数。

当试件材料膨胀系数 β_g 为确定值时(可查试件材料手册),合理选择敏感栅电阻温度系数 α_0、灵敏度系数 K_0 以及线膨胀系数 β_s,使得 α_0、K_0、β_s 和 β_g 的关系满足式(2-15)的条件,那么,当温度发生变化时,应变片能够实现温度自补偿的作用。

(3) 辅助测温元件微型计算机补偿法

如图 2-9 所示,计算机补偿法的基本原理是在传感器内靠近敏感测量元件处安装一个测温元件,用以检测传感器所处环境的温度。常用的测温元件有半导体热敏电阻以及 PN 结二极管等。测温元件的输出经放大及 A/D 转换送到计算机。计算机在处理传感器数据时,把测温元件测量的温度变化对传感器的影响加以补偿,以达到提高测量精度的目的。

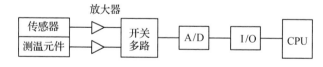

图 2-9 辅助测温元件微型计算机补偿法

项目实施

实操一 金属箔式应变片——单臂电桥性能实操

一、实操目的

了解金属箔式应变片的应变效应以及单臂电桥工作原理和性能。

二、实操仪器

应变传感器实操模块、托盘、砝码、数显电压表、±15 V 及±4 V 电源、万用表(自备)。

三、实操原理

电阻丝在外力作用下发生机械变形时,其电阻值发生变化,这就是电阻应变效应。描述电阻应变效应的关系式为

$$\frac{\Delta R}{R} = k \cdot \varepsilon \tag{2-16}$$

式中:$\frac{\Delta R}{R}$ 为电阻丝电阻相对变化;k 为应变灵敏系数;$\varepsilon = \frac{\Delta l}{l}$ 为电阻丝长度的相对变化。

金属箔式应变片就是通过光刻、腐蚀等工艺制成的应变敏感组件。如图 2-10 所示,将四个金属箔应变片分别贴在双孔悬臂梁式弹性体的上下两侧,弹性体受到压力发生形变,应变片随弹性体形变被拉伸或被压缩。

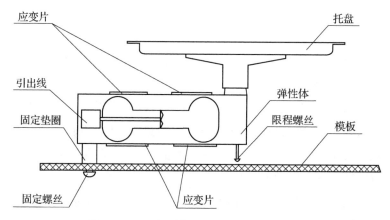

图 2-10　双孔悬臂梁式称重传感器结构图

通过这些应变片转换弹性体被测部位受力状态变化,电桥完成电阻到电压的比例变化,如图 2-11 所示,$R_5 = R_6 = R_7 = R$ 为固定电阻,与应变片一起构成一个单臂电桥,其输出电压为

$$U_{\circ} = \frac{E}{4} \cdot \frac{\frac{\Delta R}{R}}{1 + \frac{1}{2} \cdot \frac{\Delta R}{R}} \tag{2-17}$$

式中:E 为电桥电源电压。

式(2-17)表明单臂电桥输出为非线性,非线性误差为 $L = \pm \frac{1}{2} \cdot \frac{\Delta R}{R} \cdot 100\%$。

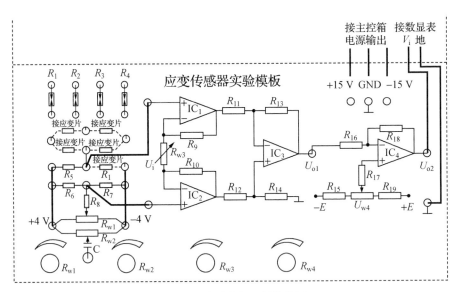

图 2-11　单臂电桥面板接线图

四、实操内容与步骤

① 应变传感器上的各应变片已分别接到应变传感器模块左上方的 R_1、R_2、R_3、R_4 上,可用万用表测量和判别,$R_1 = R_2 = R_3 = R_4 = 350\ \Omega$。

② 差动放大器调零。从主控台接入 ±15 V 电源,检查无误后,合上主控台电源开关,将差动放大器的输入端 U_i 短接并与地短接,输出端 U_{o2} 接数显电压表(选择 2 V 挡)。将电位器、R_{w3} 调到增益最大位置(顺时针转到底),调节电位器 R_{w4} 使电压表显示为 0 V。关闭主控台电源。(R_{w3}、R_{w4} 的位置确定后不能改动)

③ 按图 2-11 连线,将应变式传感器中一个应变电阻(如 R_1)接入电桥,与 R_5、R_6、R_7 构成一个单臂直流电桥。

④ 加托盘后电桥调零。电桥输出接到差动放大器的输入端 U_i,检查接线无误后,合上主控台电源开关,预热 5 min,调节 R_{w1} 使电压表显示为零。

⑤ 在应变传感器托盘上放置一只砝码,读取数显表数值,依次增加砝码和读取相应的数显表值,直到 200 g 砝码加完,记下实操结果,填入表 2-1 中。

表 2-1　数据记录

质量/g										
电压/mV										

⑥ 实操结束后,关闭实操台电源,整理好实操设备。

五、实操报告

① 根据实操所得数据计算系统灵敏度 $S = \dfrac{\Delta U}{\Delta W}$($\Delta U$ 为输出电压变化量,ΔW 为质量变化量)。

② 计算单臂电桥的非线性误差 $\delta_{fl} = \dfrac{\Delta m}{y_{Fs}} \times 100\%$。式中：$\Delta m$ 为输出值(多次测量时为平均值)与拟合直线的最大偏差；y_{Fs} 为满量程(200 g)输出平值。

六、注意事项

实操所采用的弹性体为双孔悬臂梁式称重传感器，量程为 1 kg，最大超程量为 120%。因此，加在传感器上的压力不应过大，以免损坏应变传感器。

实操二　金属箔式应变片——半桥性能实操

一、实操目的

比较半桥与单臂电桥的不同性能，了解其特点。

二、实操仪器

应变传感器实操模块、托盘、砝码、数显电压表、±15 V 及 ±4 V 电源、万用表(自备)。

三、实操原理

不同受力方向的两只应变片接入电桥作为邻边，如图 2-12 所示。电桥输出灵敏度提高，非线性得到改善。当两只应变片的阻值相同、应变数也相同时，半桥的输出电压为

$$U_{\circ} = \frac{E \cdot k \cdot \varepsilon}{2} = \frac{E}{2} \cdot \frac{\Delta R}{R} \tag{2-18}$$

式中：$\dfrac{\Delta R}{R}$ 为电阻丝电阻相对变化；k 为应变灵敏系数；$\varepsilon = \dfrac{\Delta l}{l}$ 为电阻丝长度相对变化；E 为电桥电源电压。

式(2-18)表明，半桥输出与应变片阻值变化率呈线性关系。

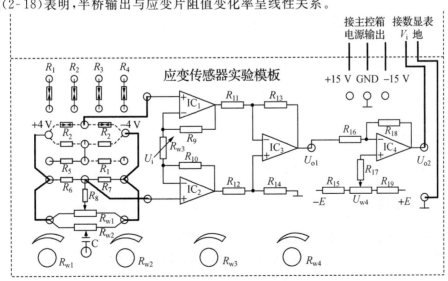

图 2-12　半桥面板接线图

四、实操内容与步骤

① 应变传感器已安装在应变传感器实操模块上,可参考图 2-10。

② 差动放大器调零。从主控台接入±15 V 电源,检查无误后,合上主控台电源开关,将差动放大器的输入端 U_i 短接并与地短接,输出端 U_{o2} 接数显电压表(选择 2 V 挡)。将电位器 R_{w3} 调到增益最大位置(顺时针转到底),调节电位器 R_{w4} 使电压表显示为 0 V。关闭主控台电源。(R_{w3}、R_{w4} 的位置确定后不能改动)

③ 按图 2-12 接线,将受力方向相反(一片受拉、一片受压)的两只应变片接入电桥的邻边。

④ 加托盘后电桥调零。电桥输出接到差动放大器的输入端 U_i,检查接线无误后,合上主控台电源开关,预热 5 min,调节 R_{w1} 使电压表显示为零。

⑤ 在应变传感器托盘上放置一只砝码,读取数显表数值,依次增加砝码和读取相应的数显表值,直到 200 g 砝码加完,记下实操结果,填入表 2-2 中。

表 2-2　数据记录

质量/g										
电压/mV										

⑥ 实操结束后,关闭实操台电源,整理好实操设备。

五、实操报告

根据所得实操数据,计算灵敏度 $L=\dfrac{\Delta U}{\Delta W}$ 和半桥的非线性误差 δ_{f2}。

六、思考题

引起半桥测量时非线性误差的原因是什么?

实操三　金属箔式应变片——全桥性能实操

一、实操目的

了解全桥测量电路的优点。

二、实操仪器

应变传感器实操模块、托盘、砝码、数显电压表、±15 V 及±4 V 电源、万用表(自备)。

三、实操原理

全桥测量电路中,将受力性质相同的两只应变片接到电桥的对边,不同的接入邻边,如图 2-13 所示,当应变片初始值相等、变化量也相等时,其桥路输出电压为

$$U_o = E \cdot \frac{\Delta R}{R} \tag{2-19}$$

式中：E 为电桥电源电压；$\frac{\Delta R}{R}$ 为电阻丝电阻相对变化。

式(2-19)表明，全桥输出灵敏度比半桥又提高了一倍，非线性误差得到进一步改善。

四、实操内容与步骤

① 应变传感器已安装在应变传感器实操模块上，可参考图 2-10。

② 差动放大器调零。从主控台接入 ±15 V 电源，检查无误后，合上主控台电源开关，将差动放大器的输入端 U_i 短接并与地短接，输出端 U_{o2} 接数显电压表（选择 2 V 挡）。将电位器、R_{w3} 调到增益最大位置（顺时针转到底），调节电位器 R_{w4} 使电压表显示为 0 V。关闭主控台电源。（R_{w3}、R_{w4} 的位置确定后不能改动）

③ 按图 2-13 接线，将受力方向相反（一片受拉、一片受压）的两对应变片分别接入电桥的邻边。

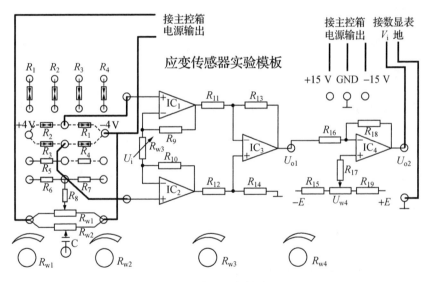

图 2-13　全桥面板接线图

④ 加托盘后电桥调零。电桥输出接到差动放大器的输入端 U_i，检查接线无误后，合上主控台电源开关，预热 5 min，调节 R_{w1} 使电压表显示为零。

⑤ 在应变传感器托盘上放置一只砝码，读取数显表数值，依次增加砝码和读取相应的数显表值，直到 200 g 砝码加完，记下实操结果，填入表 2-3 中。

表 2-3　数据记录

质量/g									
电压/mV									

⑥ 实操结束后，关闭实操台电源，整理好实操设备。

五、实操报告

根据实操数据,计算灵敏度 $L=\dfrac{\Delta U}{\Delta W}$ 和全桥的非线性误差 δ_{f3}。

六、思考题

全桥测量中,当两组对边(R_1、R_3 为对边)电阻值 R 相同时,即 $R_1=R_3$、$R_2=R_4$ 而 $R_1\neq R_2$ 时,是否可以组成全桥?

实操四　金属箔式应变片单臂、半桥、全桥性能比较实操

一、实操目的

比较单臂、半桥、全桥输出时的灵敏度和非线性度,得出相应的结论。

二、实操仪器

应变传感器实操模块、托盘、砝码、数显电压表、± 15 V 及 ± 4 V 电源、万用表(自备)。

三、实操原理

根据式(2-17)、式(2-18)、式(2-19)给出的电桥的输出电压可以看出,在受力性质相同的情况下,单臂电桥电路的输出电压只有全桥电路输出电压的 $\dfrac{1}{4}$,而且输出电压与应变片阻值变化率存在线性误差;半桥电路的输出电压为全桥电路输出电压的 $\dfrac{1}{2}$。半桥电路和全桥电路输出电压与应变片阻值变化率呈线性关系。

四、实操内容与步骤

① 重复单臂电桥实操,将实操数据记录在表 2-4 中。

② 保持差动放大电路不变,将应变电阻连接成半桥和全桥电路,做半桥和全桥性能实操,并将实操数据记录在表 2-4 中。

表 2-4　数据记录

重量/g										
电压/mV	单臂									
	半桥									
	全桥									

③ 实操结束后,关闭实操台电源,整理好实操设备。

五、实操报告

根据记录的实操数据,计算并比较三种电桥的灵敏度和非线性误差,将得到的结论与理论计算值进行比较。

实操五 直流全桥的应用——电子秤实操

一、实操目的

了解直流全桥的应用及电路的定标。

二、实操仪器

应变传感器实操模块、托盘、砝码、数显电压表、±15 V 及 ±4 V 电源、万用表(自备)。

三、实操原理

电子秤实操原理与实操三的实操原理相同,通过调节放大电路对电桥输出的放大倍数使电路输出电压值为质量的对应值,电压量纲(V)改为质量量纲(g),即成为一台比较原始的电子秤。

四、实操内容与步骤

① 按实操三的步骤①、②、③接好线并将差动放大器调零。

② 将 10 只砝码置于传感器的托盘上,调节电位器 R_{w3}(满量程时的增益),使数显电压表显示为 0.200 V(2 V 挡测量)。

③ 拿去托盘上所有砝码,观察数显电压表是否显示为 0.000 V,若不为零,再次将差动放大器调零并加托盘后进行电桥调零。

④ 重复步骤②、③,直到精确为止,把电压量纲 V 改为质量量纲 g 即可以称重。

⑤ 将砝码依次放到托盘上并读取相应的数显表值,直到 200 g 砝码加完,计下实操结果,填入表 2-5 中。

表 2-5 数据记录

质量/g										
电压/V										

⑥ 拿去砝码,在托盘上加一个未知的重物(不要超过 1 kg),记录电压表的读数。根据实操数据,求出重物的质量。

⑦ 实操结束后,关闭实操台电源,整理好实操设备。

五、实操报告

根据实操记录的数据,计算电子秤的灵敏度 $L = \dfrac{\Delta U}{\Delta W}$ 和非线性误差 δ_{f4}。

项目拓展

一、应变式测力与称重传感器

1. 应变式荷重传感器

测力和荷重（称重）传感器主要采用了应变式荷重传感器。生产厂家一般均给出荷重传感器的灵敏度 K_F。设荷重传感器的满量程为 F_m，桥路电压为 U_i，满量程时的输出电压为 U_{om}，则 K_F 被定义为

$$K_F = \frac{U_{om}}{U_i} \qquad (2\text{-}20)$$

由于 U_o 往往是 mV 数量级，而 U_i 往往是 V 数量级（10 V 左右），所以荷重传感器的灵敏度以 mV/V 为单位。

$$\frac{U_o}{U_{om}} = \frac{F}{F_m} \qquad (2\text{-}21)$$

将式（2-20）代入式（2-21）可得到在被测荷重为 F 时的输出电压 U_o 为

$$U_o = \frac{F}{F_m} U_{om} = \frac{K_F U_i}{F_m} F \qquad (2\text{-}22)$$

汽车衡是荷重传感器的重要应用之一，汽车衡也被称为地磅，是厂矿、商家等用于大宗货物计量的主要称重设备。20 世纪 80 年代中期，随着高精度称重传感器技术的日趋成熟，机械式地磅逐渐被精度高、稳定性好、操作方便的电子汽车衡所取代。

汽车衡的主要组成部分为传感器、秤台台面、仪表、接线盒、数据线、引坡（无基式），如图 2-14 所示。

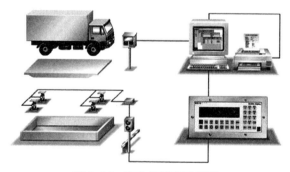

图 2-14 汽车衡原理示意图

承重和传力结构是将物体的重量传递给称重传感器的机械平台，常见的有钢结构及钢混结构两种形式。

高精度称重传感器是汽车衡的核心部件，起着将质量值转换成对应的可测电信号的作用，它的优劣性直接关系到整台衡器的品质。

称重显示仪用于测量传感器传输的电信号，再通过专用软件处理、显示质量读数，并可将数据进一步传递至打印机、大屏幕显示器、计算机管理系统。

【例 2-1】 现用图 2-14 所示的荷重传感器称重。已知荷重传感器铭牌上标有 $F_m = 100 \times 10^3$ N，$K_F = 2$ mV/V。当桥路电压为 6 V 时，测得桥路的输出电压为 24 mV，求被测荷重为多少吨。

【解】 已知

$$U_o = \frac{F}{F_m} U_{om} = \frac{k_F U_i}{F_m} F$$

且由题意知 $U_o = 24$ mV，则被测荷重

$$F = \frac{F_m}{K_F} \cdot \frac{U_o}{U_i} = \frac{100 \times 10^3 \times 24 \times 10^{-3}}{2 \times 10^{-3} \times 6} = 2 \times 10^5 \text{ N} = 20.3 \text{ t}$$

则被测荷重约为 1.3 吨。

2. 悬臂梁式传感器

悬臂梁式传感器是一种结构简单、高精度、抗偏、抗侧、性能优的称重测力传感器。采用弹性梁及电阻应变计作为敏感转换元件，组成全桥电路。悬臂梁有两种，一种为等截面梁，另一种为等强度梁，如图 2-15 所示。

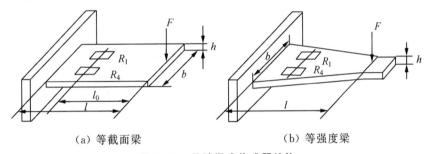

(a) 等截面梁   (b) 等强度梁

图 2-15 悬臂梁式传感器结构

当外力 F 作用在梁的自由端时，在固定端产生的应变最大，粘贴应变计处

$$\varepsilon = \frac{6Fl_0}{bh^2 E} \tag{2-23}$$

若 R_1、R_4 受拉力，则 R_2、R_3 将受到压力，两者应变相等，极性相反。组成差动全桥，则电桥的灵敏度为单臂工作时的 4 倍。

等强度梁是一种特殊形式的悬臂梁，其特点是沿梁长度方向的截面按一定规律变化，当集中力 F 作用在自由端时，距作用点任何距离截面上的应力相等。

悬臂梁式传感器一般可测 0~5 kg 的载荷，最小可测几十克的载荷。悬臂梁式传感器也可达到很大的量程，如钢制工字悬臂梁结构传感器量程为 0.2~30 t，精度可达 0.02%FS。悬臂梁式传感器具有结构简单、应变计容易粘贴、灵敏度高等特点。

二、应变式压力传感器

应变式压力传感器由电阻应变计、弹性元件、外壳及补偿电阻组成，一般用于测量较大的压力。它广泛应用于测量管道内部压力、内燃机燃气的压力、压差和喷射压力、发动机和导弹试验中的脉动压力，以及各种领域中的流体压力等。

筒式压力传感器的弹性元件如图 2-16 所示，一端有孔，另一端有法兰与被测系统连接。

当应变管内腔与被测压力相通时,圆筒部分周向应变为

$$\varepsilon = \frac{p(2-\mu)}{E\left(\dfrac{D^2}{d^2}-1\right)} \qquad (2\text{-}24)$$

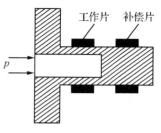

式中:p 为被测压力;D 为圆筒外径;d 为圆筒内径。在薄壁筒上贴有两片应变计作为工作片,实心部分贴有两片应变计作为温度补偿片。

图 2-16　筒式压力传感器
弹性元件

三、应变式加速度传感器

应变式加速度传感器如图 2-17 所示,在一悬臂梁 1 的自由端固定一质量块 3。当壳体 4 与待测物体一起做加速运动时,在惯性作用下质量块上下运动,梁在质量块惯性的作用下发生形变,使粘贴于其上的应变计 2 阻值发生变化,从而引起测量电桥输出电压变化,检测输出电压的变化可求得待测物体的加速度。若梁的上下各贴两片应变计,组成全桥,则灵敏度是原来的两倍。

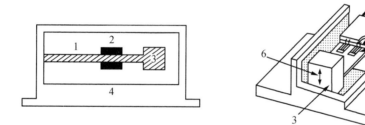

1—悬臂梁;2—应变计;3—质量块;4—壳体;5—电引线;6—运动方向

图 2-17　应变式加速度传感器

练习题

1. 什么是应变效应?什么是压阻效应?

2. 电阻应变传感器应用在单臂电桥测量转换电路中,在测量时由于温度变化产生误差。电阻应变式传感器进行温度补偿的方法是什么?

3. 请简要说明金属电阻应变片式传感器的结构和分类。

4. 金属电阻应变片与半导体应变片的转换机理有何不同?

5. 有一等截面圆环受力如图 2-18 所示,为测压力,在环内表面贴有四个同类型的应变片,请在图上随意画出环上四个应变片的位置编号,并说明各自产生的应变类型及对应变片阻值的影响。

6. 采用阻值 $R = 120\ \Omega$、灵敏度系数 $K = 2.0$ 的电阻金属应变片与阻值 $R = 120\ \Omega$ 的固定电阻组成电桥,供桥电压为 10 V。当应变片 $\varepsilon = 1\ 000\ \mu\mathrm{m/m}$ 时,若要使输出电压大于 10 mV,则可采用何种工作方式?(设输出阻抗为无穷大)

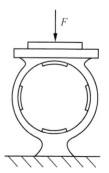

图 2-18　等截面
圆环受力

项目三　自感式传感器

知识目标

① 掌握自感式传感器的结构及原理。

② 了解自感式传感器的测量电路。

技能目标

通过对自感式传感器原理的学习,在掌握实操技能的基础上,实现对自感式传感器相关参数的测量。

项目描述

在 THSRZ-2 型传感器实操台上按照要求进行操作,进行自感式传感器实操训练。

知识描述

电感式传感器基于电磁感应原理,将非电量的被测量转换为线圈电感量的变化,再经过测量转换电路转换成便于测量和显示的电量。电感式传感器按照结构可以分成三种类型,即自感式传感器、差动变压器式传感器和电涡流式传感器。

项目三介绍自感式传感器,项目四介绍差动变压器式传感器,项目五介绍电涡流式传感器。

一、结构及工作原理

自感式传感器结构如图 3-1 所示,它由线圈、铁芯和衔铁三部分组成,铁芯和衔铁由导磁材料如硅钢片等制成,两者之间留有厚度为 δ 的空气隙。被测量与可动衔铁相连,当衔铁移动时,气隙厚度 δ 发生改变,从而引起磁路中磁阻变化,导致电感线圈的电感值变化,只要能测出这种电感量的变化,就能确定衔铁位移量的大小和方向。

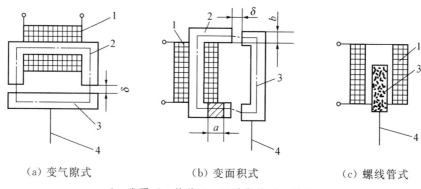

（a）变气隙式　　　　　　（b）变面积式　　　　　（c）螺线管式

1—线圈；2—铁芯；3—可动衔铁；4—测杆

图 3-1　自感式传感器结构图

线圈电感量公式为

$$L = \frac{W\Phi}{I} \tag{3-1}$$

式中：W 为线圈匝数；Φ 为磁通；I 为线圈电流。

而磁通 $\Phi = \dfrac{IW}{R_m}$（R_m 为磁路总磁阻），代入式（3-1）可得

$$L = \frac{W^2}{R_m} \tag{3-2}$$

根据自感式传感器的结构图，在忽略漏磁通和磁路铁损的情况下，因为空气隙 δ 很小，可认为通过空气隙的磁通是均匀的，一般空气隙的磁阻远远大于铁芯和衔铁中的磁阻，那么磁路总磁阻 R_m 可近似为

$$R_m = \frac{L_1}{\mu_1 A_1} + \frac{L_2}{\mu_2 A_2} + \frac{2\delta}{\mu_0 A_0} \approx \frac{2\delta}{\mu_0 A_0} \tag{3-3}$$

式中：μ_1、μ_2 为铁芯和衔铁的磁导率；μ_0 为空气的磁导率；L_1、L_2 为磁通通过铁芯和衔铁的长度；A_1、A_2、A_0 为铁芯、衔铁、空气隙的截面积。

将式（3-3）代入式（3-2）可得

$$L = \frac{W^2 \mu_0 A_0}{2\delta} \tag{3-4}$$

由式（3-2）和式（3-4）可知，当线圈匝数 W 为常数时，电感量 L 仅仅与磁路中的磁阻 R_m 有关，空气隙厚度 δ 和截面积 A_0 的变化会引起电感量 L 的变化。如果 A_0 保持不变，δ 的变化引起 L 的变化，构成变气隙式自感传感器；如果 δ 保持不变，使 A_0 随被测量（如位移）变化，则构成变截面式自感传感器。若线圈中放入可动衔铁，又构成螺线管式电感传感器。

二、单线圈式自感传感器

1. 变气隙式自感传感器

变气隙式自感传感器结构图如图 3-2 所示。

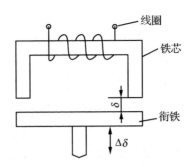

图 3-2　变气隙式自感传感器结构图

变气隙式自感传感器的工作过程为:被测物体移动引起衔铁的移动,空气隙厚度 δ 随之变化,空气隙厚度的改变会引起磁路磁阻的改变,从而引起线圈电感量的变化,电感量的变化通过测量电路转换为电压、电流或频率的变化,最终实现对被测量的检测。

变气隙式自感传感器的线圈电感量为 $L = \dfrac{W^2 \mu_0 A_0}{2\delta}$。

变气隙式自感传感器灵敏度 K 的计算公式为

$$K = -\frac{L_0}{\delta_0} \tag{3-5}$$

式中:L_0 为初始电感量;δ_0 为初始气隙厚度。

2. 变截面式自感传感器

变截面式自感传感器结构图如图 3-3 所示。

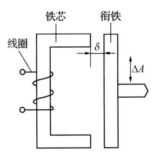

图 3-3　变截面式自感传感器结构图

变截面式自感传感器的工作过程为:被测物体移动引起衔铁上下移动,空气隙不变但铁芯和衔铁的相对面积 A_0 改变,A_0 的改变会引起磁路磁阻的改变,从而引起线圈电感量的变化,最终实现对被测量的检测。

变截面式自感传感器的线圈电感量同样为 $L = \dfrac{W^2 \mu_0 A_0}{2\delta}$。

3. 螺线管式电感传感器

螺线管式电感传感器结构图如图 3-4 所示。

螺线管式电感传感器的工作过程为:被测物体移动引起衔铁左右移动,线圈铁芯的变化会引起线圈磁力线路径上磁阻的改变,导致线圈电感量的变化。线圈电感量的变化量与衔铁插入线圈的深度有关。

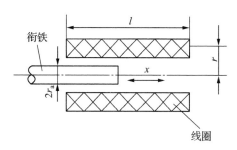

图 3-4　螺线管式电感传感器结构图

设线圈长度为 l,线圈的平均半径为 r,线圈的匝数为 N,衔铁进入线圈的长度为 l_a,衔铁的半径为 r_a,铁芯的有效磁导率为 μ_m,则线圈的电感量 L 与衔铁进入线圈的长度 l_a 的关系可表示为

$$L = \frac{4\pi^2 N^2}{l^2}\left[lr^2 + (\mu_m - 1)l_a r_a^2\right] \tag{3-6}$$

单线圈式自感传感器有以下几个特性:

① 变气隙式自感传感器非线性误差大,适用于测量微小位移。

② 变截面式自感传感器线性范围大,但灵敏度比变气隙式自感传感器低,应用范围广。

③ 螺线管式电感传感器量程大,但灵敏度较低,易于制作,常用于测量精度要求不高的场合。

三、差动式自感传感器

单线圈式自感传感器由于线圈中电流的存在,衔铁会受单向电磁力的作用,易受干扰,非线性误差大。差动式自感传感器中两个相同的自感线圈共用一个衔铁,两个线圈的电气参数和几何尺寸要求完全相同,可以改善非线性,提高灵敏度,对温度、电源频率等外界干扰有补偿作用,能够减少误差。

以变气隙式差动传感器为例,如图 3-5(a)所示,当衔铁下移时,有

$$\frac{\Delta L}{L_0} = \frac{L_2 - L_1}{L_0} = 2\left[\frac{\Delta \delta}{\delta^2} + \left(\frac{\Delta \delta}{\delta_0}\right)^3 + \left(\frac{\Delta \delta}{\delta_0}\right)^5 + \cdots\right] \tag{3-7}$$

式中:L_0 为初始电感量;ΔL 为电感变化量;L_1、L_2 分别为两个线圈的电感量;δ_0 为初始气隙厚度;$\Delta \delta$ 为气隙变化量。

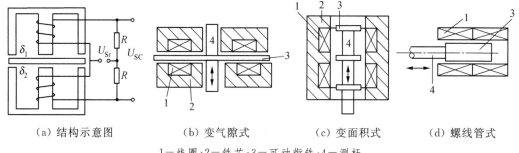

（a）结构示意图　　　（b）变气隙式　　　（c）变面积式　　　（d）螺线管式

1—线圈;2—铁芯;3—可动衔铁;4—测杆

图 3-5　差动式自感传感器

式(3-7)中不存在偶次项,显然差动式自感传感器的非线性误差在 $\pm\delta$ 工作范围内要比

单个自感传感器小得多。

忽略高次项可得变气隙式差动自感传感器灵敏度为

$$K = \left| \frac{2L_0}{\delta_0} \right| \qquad (3\text{-}8)$$

由式(3-5)和式(3-8)可知,变气隙式差动自感传感器的灵敏度是单线圈变气隙式自感传感器的两倍。

因此,差动式自感传感器具有以下几个优点:

① 差动式自感传感器比单线圈式的线性度都要好。

② 差动式自感传感器比单线圈式的灵敏度提高一倍,即衔铁位移相同时,输出信号强一倍。

③ 温度变化、电源波动、外界干扰等对传感器精度的影响,在差动式自感传感器中能互相抵消。

④ 电磁吸力对测力变化的影响也由于能相互抵消而减小。

四、测量转换电路

自感式传感器要配合测量转换电路将电感量的变化转换为电量输出,测量转换电路主要采用的是交流电桥,常见形式为电阻平衡交流电桥和变压器交流电桥转换电路。

1. 电阻平衡交流电桥

差动式结构可以提高灵敏度和改善线性度,因此,用作自感式传感器测量转换电路的交流电桥都采用差动形式。电阻平衡交流电桥如图 3-6 所示。

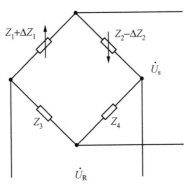

图 3-6　电阻平衡交流电桥

交流电桥四个桥臂中 Z_1、Z_2 为差动传感器的两个线圈阻抗,且 $Z_1 = Z_2 = Z$,ΔZ_1、ΔZ_2 为两个电感线圈的变化量且大小相等、方向相反,即 $\Delta Z_1 = -\Delta Z_2 = \Delta Z$,$Z_3$、$Z_4$ 为纯电阻且 $Z_3 = Z_4 = R$,电桥的输出电压为

$$\dot{U}_{\circ} = \left(\frac{Z_1}{Z_1 + Z_2} - \frac{R_1}{R_1 + R_2} \right) \dot{U}_i = \frac{\Delta Z}{2Z} \dot{U}_i \qquad (3\text{-}9)$$

复阻抗 $Z = R + j\omega L$,当 $\omega L \gg R$ 时,式(3-9)可简化为

$$\dot{U}_{\circ} = \frac{\Delta L}{2L} \dot{U}_i \qquad (3\text{-}10)$$

由上式可知,交流电桥的输出电压与电感线圈变化量成正比关系。

2. 差动变压器交流电桥

差动变压器交流电桥如图 3-7 所示,相邻两个工作臂 Z_1、Z_2 是差动电感传感器的两个线圈阻抗且 $Z_1 = Z_2 = Z$,另两臂为激励变压器的二次绕组。

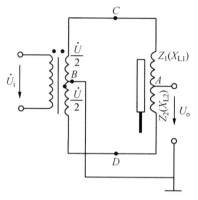

图 3-7 差动变压器交流电桥

电桥的输出电压为

$$\dot{U}_o = \left(\frac{Z_1}{Z_1 + Z_2} - \frac{1}{2} \right) \dot{U}_i = \frac{Z_2 - Z_1}{Z_1 + Z_2} \cdot \frac{\dot{U}_i}{2} \tag{3-11}$$

当衔铁处于中间位置时,桥路平衡,$Z_1 = Z_2$,输出电压 $\dot{U}_o = 0$。

当衔铁下移,下线圈感抗增加而上线圈感抗减小时,两线圈电感变化量为 $\Delta Z_2 = -\Delta Z_1 = \Delta Z$。输出电压绝对值增大,其相位与激励源同相,输出电压为

$$\dot{U}_o = \frac{\Delta Z}{Z} \cdot \frac{\dot{U}_i}{2} \tag{3-12}$$

当衔铁上移,上线圈感抗增加而下线圈感抗减小时,两线圈电感变化量为 $\Delta Z_1 = -\Delta Z_2 = \Delta Z$。输出电压的相位与激励源反相,输出电压为

$$\dot{U}_o = -\frac{\Delta Z}{Z} \cdot \frac{\dot{U}_i}{2} \tag{3-13}$$

由式(3-12)和式(3-13)可知,衔铁上下移动,输出电压变化量大小相等、相位相反。如果在转换电路的输出端接上普通指示仪表,实际上无法判别输出的相位和衔铁位移的方向,需要配合相敏检波电路使用。

项目拓展

一、变气隙电感式压力传感器

1. 变气隙电感式压力传感器

变气隙电感式压力传感器如图 3-8 所示,由膜盒、铁芯、衔铁及线圈等组成,衔铁与膜盒

的上端连在一起。

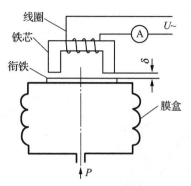

图 3-8　变气隙电感式压力传感器

当液体或气体进入膜盒时,膜盒的顶端在压力 P 的作用下产生与压力 P 大小成正比的位移,于是衔铁也发生移动,从而使气隙发生变化,流过线圈的电流也发生相应的变化,电流表指示值就反映了被测压力的大小。

2. 变气隙式差动电感压力传感器

变气隙式差动电感压力传感器如图 3-9 所示,由 C 形弹簧管、衔铁、铁芯和线圈等组成。当被测压力进入 C 形弹簧管时,C 形弹簧管产生变形,其自由端发生位移,带动与自由端连接成一体的衔铁运动,使线圈 1 和线圈 2 中的电感发生大小相等、符号相反的变化,即一个电感量增大,另一个电感量减小。

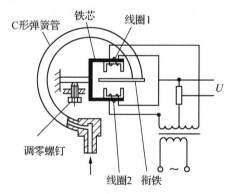

图 3-9　变气隙式差动电感压力传感器

电感的这种变化通过电桥电路转换成电压输出,由于输出电压与被测压力之间成比例关系,所以只要用检测仪表测量出输出电压,即可得知被测压力的大小。

二、电感测微仪

电感式滚珠直径自动分选装置的结构如图 3-10 所示。电感式滚珠直径分选装置的工作原理为:从振动料斗送来的滚珠按顺序进入落料管 5,电感测微器的测杆在电磁铁(图中未画出)的控制下,先提升到一固定高度,气缸推杆 3 将滚珠推入电感测微器测头正下方(电磁限位挡板 8 决定滚珠的前后位置),电磁铁释放,钨钢测头 7 向下压住滚珠,滚珠的直径大小决定了电感测微器中衔铁的位移量。电感传感器的输出信号经相敏检波电路和电压放大电路处理后送入计算机,计算出直径的偏差值。测量完成后,电磁铁再将测杆提升,限位挡板 8 在电磁铁的控制下移开。测量好之后,滚珠在推杆 3 的再次推动下离开测量区域。这时相应的电磁翻板 9 打开,滚珠落入与其直径偏差值相对应的容器 10 中。同时,推杆 3 和限位挡板 8 复位。

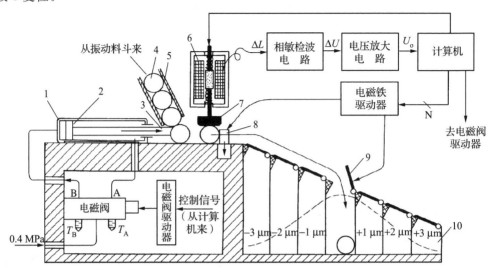

1—气缸;2—活塞;3—推杆;4—被测滚珠;5—落料管;6—电感测微器;7—钨钢测头;
8—限位挡板;9—电磁翻板;10—容器(料斗)

图 3-10 滚珠直径分选装置图

 练习题

1. 自感式传感器测量电路的主要任务是什么? 电阻平衡交流电桥和变压器交流电桥转换电路哪一个能更好地完成这一任务? 为什么?

2. 简述自感式传感器信号转换过程。

3. 自感式传感器的典型结构是什么? 根据结构的不同,可将自感式传感器分为哪三类?

4. 变气隙式自感传感器的工作过程是怎样的? 变气隙式自感传感器的灵敏度与哪些因素有关?

5. 一台变气隙非接触式电感测微仪,其传感器的极板半径 $r=4$ mm,假设与被测工件的初始间隙 $d_0=0.3$ mm。

(1) 如果传感器与工件的间隙变化量 $\Delta d=\pm 10$ μm,电容变化量为多少?

(2) 如果测量电路的灵敏度 $K_u=100$ mV/pF,则在 $\Delta d=\pm 1$ μm 时的输出电压为多少?

项目四　差动变压器式传感器

知识目标

① 掌握差动变压器式传感器的结构及原理。

② 了解差动变压器式传感器的测量电路。

技能目标

通过对差动变压器式传感器原理的学习,在掌握实操技能的基础上,实现对差动变压器式传感器相关参数的测量。

项目描述

在 THSRZ-2 型传感器实操台上按照要求进行操作,进行差动变压器式传感器实操训练。

知识描述

差动变压器式传感器是基于变压器的工作原理制作的,由两个或多个带铁芯的电感线圈构成,二次绕组采用差动形式连接,是将被测的非电量转换为线圈互感量 M 变化的传感器,又称为互感式传感器。差动变压器式传感器与自感式传感器的结构形式类似,按结构形式可分为变气隙式、变面积式和螺线管式等。在非电量测量中,应用得最多的是螺线管式差动变压器,其次是变气隙式。

一、差动变压器式传感器的结构及原理

现以螺线管式差动变压器为例介绍差动变压器式传感器结构及原理,其结构外形图与工作原理图分别如图 4-1、图 4-2 所示,一次侧线圈匝数为 N_1,二次侧两个线圈匝数分别为 N_{21}、N_{22},接成差动结构,一次侧、二次侧线圈互感系数分别为 M_1、M_2,一次侧、二次侧绕组铁芯之间为可动衔铁。

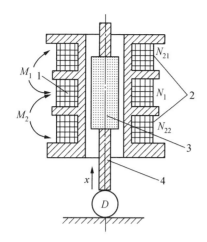

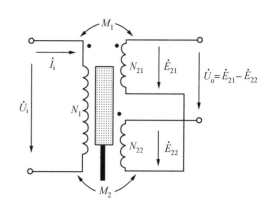

1—一次侧线圈;2—二次侧线圈;3—衔铁;4—测杆

图 4-1　差动变压器结构外形图　　　　图 4-2　差动变压器工作原理图

差动变压器一次侧线圈接入激励电源 $\dot{U}_i$,二次侧线圈两个感应电动势分别为 $\dot{E}_{21}$、$\dot{E}_{22}$,由变压器工作原理可知:$\dot{E}_{21}=-j\omega M_1\dot{I}_i$、$\dot{E}_{22}=-j\omega M_2\dot{I}_i$,输出电压为 $\dot{U}_o=\dot{E}_{21}-\dot{E}_{22}$。

当可动衔铁处于变压器中间位置时,互感系数 $M_1=M_2=M$,则有 $\dot{E}_{21}=\dot{E}_{22}$,此时输出电压 $\dot{U}_o=\dot{E}_{21}-\dot{E}_{22}=0$。

当衔铁向上移动时,互感系数 $M_1=M+\Delta M$、$M_2=M-\Delta M$,则有 $\dot{E}_{21}\neq\dot{E}_{22}$,此时输出电压 $\dot{U}_o=\dot{E}_{21}-\dot{E}_{22}=-j\omega M_1\dot{I}_i-(-j\omega M_2\dot{I}_i)=-2j\omega\Delta M\dot{I}_i$。

当衔铁向下移动时,互感系数 $M_1=M-\Delta M$、$M_2=M+\Delta M$,则有 $\dot{E}_{21}=\dot{E}_{22}$,此时输出电压 $\dot{U}_o=\dot{E}_{21}-\dot{E}_{22}=-j\omega M_1\dot{I}_i-(-j\omega M_2\dot{I}_i)=2j\omega\Delta M\dot{I}_i$。

由此可见,当衔铁上下移动时,输出电压 $\dot{U}_o=\pm2j\omega\Delta M\dot{I}_i$,输出电压的大小和符号能够反映衔铁位移的大小和方向。

二、差动变压器式传感器的输出特性

差动变压器输出特性如图 4-3 所示,当衔铁位于中心位置时,差动变压器输出电压不等于零。把差动变压器在零位移时的输出电压称为零点残余电压,记作 ΔU_o,它的存在使传感器的输出特性不经过零点,造成实际特性与理论特性不完全一致。

零点残余电压一般在几十毫伏以下,主要是由传感器的两次侧绕组的电气参数和几何尺寸不对称以及磁性材料的非线性等引起

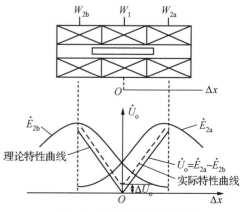

图 4-3　差动变压器输出特性

的。零点残余电压使得传感器输出特性在零点附近不灵敏,限制了分辨力的提高。若零点残余电压太大,将使线性度变坏,灵敏度下降,甚至会使放大器饱和,堵塞有用信号通过,使仪器不再反映被测量的变化。

消除零点残余电压一般可用以下方法:

① 在设计和工艺上尽量保证结构的对称性。首先,提高加工精度,线圈成对选配,采用磁路可调节结构。其次,应选磁导率高、矫顽力小、剩磁小的导磁材料,并应经过热处理,消除残余应力,以提高磁性能的均匀性和稳定性。由高次谐波产生的因素可知,磁路工作点应选在磁化曲线的线性段。

② 选用合适的测量线路。采用相敏检波电路不仅可以鉴别铁芯移动的方向,而且可以消除零点残余电压中的高次谐波成分。

③ 采用补偿电路。根据零点残余误差产生的原因,补偿电路(图 4-4)主要有以下几类:加串联电阻($0 \sim 5$ Ω)消除基波同相成分;并联电容 C($100 \sim 500$ pF),改变某一次侧绕组相位,消除高次谐波分量;加并联电阻($0.1 \sim 1$)$\times 10^2$ kΩ,消除基波中正交成分;加反馈绕组和反馈电容,补偿基波及高次谐波分量。

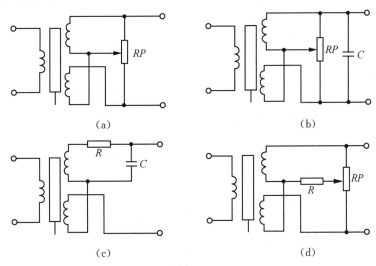

图 4-4　零点残余误差补偿电路

三、差动变压器式传感器的测量电路

差动变压器的输出电压如果接上普通交流电压表,实际上无法判别输出的相位和衔铁位移的方向,因此需要配合差动整流电路、相敏检波电路或直流差动变压器电路使用。

1. 差动整流电路

差动整流电路如图 4-5 所示,将差动变压器的两个二次侧线圈输出电压分别进行整流,输出量可为电压或电流,电压输出型用于连接高阻抗负载的场合,电流输出型用于连接低阻抗负载的场合。差动整流电路结构简单,不需要比较电压绕组,不需要考虑相位调整和零位输出电压影响,分布电容影响小,能够实现远距离输送,应用广泛。

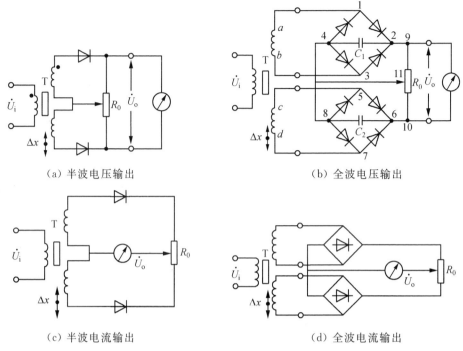

（a）半波电压输出　　　　　　　　　　（b）全波电压输出

（c）半波电流输出　　　　　　　　　　（d）全波电流输出

图 4-5　差动整流电路

2. 相敏检波电路

相敏检波电路如图 4-6 所示，相敏检波电路要求比较电压和差动变压器二次侧输出电压频率相同，相位相同或相反，因此，电路中通常加入移相电路。

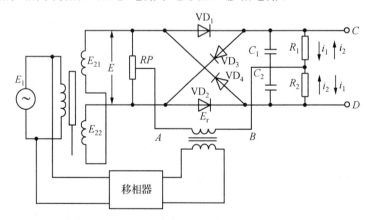

图 4-6　差动变压器相敏检波电路

3. 直流差动变压器电路

直流差动变压器电路如图 4-7 所示，其工作原理与差动变压器相同，区别在于直流差动变压器一次侧增加了直流电源（干电池、蓄电池等）和多谐振荡器（提供高频激励电源）。直流差动变压器一般用于远距离测量、要求设备之间互不干扰的场合。

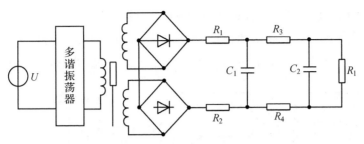

图 4-7　直流差动变压器电路

项目实施

实操一　差动变压器性能测试实操

一、实操目的

了解差动变压器的工作原理和特性。

二、实操仪器

差动变压器模块、测微头、差动变压器、信号源、±15 V 直流电源、示波器。

三、实操原理

差动变压器由一只一次侧线圈和两只二次侧线圈及一个铁芯组成。铁芯连接被测物体,移动线圈中的铁芯,由于一次侧线圈和二次侧线圈之间的互感发生变化促使二次侧线圈的感应电动势发生变化,一只二次侧线圈感应电动势增加,另一只二次侧线圈感应电动势则减小,将两只二次侧线圈反向串接(同名端连接)引出差动输出,输出的变化反映了被测物体的移动量。

四、实操内容与步骤

① 根据图 4-8 将差动变压器安装在差动变压器实操模块上。

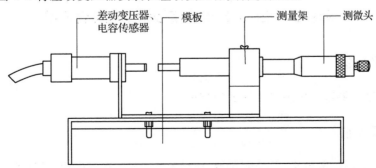

图 4-8　差动变压器安装图

② 将传感器引线插头插入实操模块的插座中,音频信号由信号源的 $U_s10°$ 处输出,打开实操台电源,调节音频信号的频率和幅度(用示波器监测),使输出信号为频率 4～5 kHz,$V_{p-p}=2$ V,按图 4-9 接线(1、2 接音频信号,3、4 为差动变压器输出,接放大器输入端)。

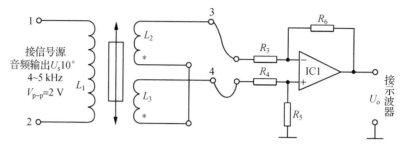

图 4-9 差动变压器模块接线图

③ 用示波器观测 U_o 的输出,旋动测微头,使上位机观测到的波形峰-峰值 V_{p-p} 为最小,这时可以左右位移,假设其中一个方向为正位移,则另一个方向为负位移,从 V_{p-p} 最小处开始旋动测微头,每隔 0.2 mm 从上位机上读出输出电压 V_{p-p} 值,填入表 4-1 中,再从 V_{p-p} 最小处反向位移做实操,在实操过程中,注意左右位移时,初、次级波形的相位关系。

表 4-1 数据记录

V_{p-p}/mV									
X/mm									

④ 实操结束后,关闭实操台电源,整理好实操设备。

五、实操报告

实操过程中注意差动变压器输出的最小值即为差动变压器的零点残余电压大小。根据表 4-1 画出 V_{p-p}-X 曲线,作出量程为 ±1 mm、±3 mm 的灵敏度和非线性误差。

六、注意事项

实操过程中加在差动变压器原边的音频信号幅值不能过大,以免烧毁差动变压器传感器。

实操二 差动变压器零点残余电压补偿实操

一、实操目的

了解差动变压器零点残余电压补偿的方法。

二、实操仪器

差动变压器模块、测微头、差动变压器、信号源、±15 V 直流电源、示波器。

三、实操原理

由于差动变压器两只二次侧线圈的等效参数不对称,一次侧线圈的纵向排列不均匀,二次侧线圈的不均匀、不一致性,铁芯的 B-H 特性的非线性等,在铁芯处于差动线圈中间位置时其输出并不为零,称输出值为零点残余电压。

四、实操内容与步骤

① 安装好差动变压器,利用示波器观测并调整信号源 U_s10°输出为 4 kHz,峰-峰值为 2 V,按图 4-10 接线。

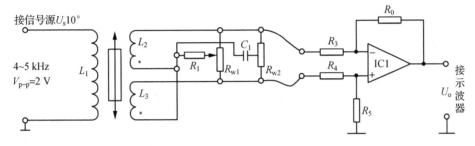

图 4-10　差动变压器零点残余电压补偿接线原理图

② 实操模块 R_1、C_1、R_{w1}、R_{w2} 为电桥单元中调平衡网络。

③ 用示波器监测放大器输出。

④ 调整测微头,使放大器输出信号最小。

⑤ 依次调整 R_{w1}、R_{w2},使示波器显示的电压输出波形幅值降至最小。

⑥ 此时示波器显示的即为零点残余电压的波形。

⑦ 记下差动变压器的零点残余电压峰-峰值(V_{p-p})(注:这时的零点残余电压为经放大后的零点残余电压,其值为 $V_{p-p} \times K$,K 为放大倍数)。

⑧ 可以看出,经过补偿后的残余电压的波形是一不规则波形,这说明波形中有高频成分存在。

⑨ 实操结束后,关闭实操台电源,整理好实操设备。

五、实操报告

分析经过补偿的零点残余电压波形。

六、注意事项

实操过程中加在差动变压器原边的音频信号幅值不能过大,以免烧毁差动变压器传感器。

实操三　激励频率对差动变压器特性的影响实操

一、实操目的

了解一次侧线圈激励频率对差动变压器输出性能的影响。

二、实操仪器

差动变压器模块、测微头、差动变压器、信号源、±15 V直流电源、示波器。

三、实操原理

差动变压器输出电压的有效值可以近似表示为

$$U_o = \frac{\omega(M_1 - M_2) \cdot U_i}{\sqrt{R_p^2 + \omega^2 L_p^2}} \tag{4-1}$$

式中：L_p、R_p 为一次侧线圈的电感和损耗电阻；U_i、ω 为激励信号的电压和频率；M_1、M_2 为一次侧与两二次侧线圈的互感系数。由关系式（4-1）可以看出，当一次侧线圈激励频率太低时，$R_p^2 > \omega^2 L_p^2$，则输出电压 U_o 受频率变动影响较大，且灵敏度较低，只有当 $\omega^2 L_p^2 \gg R_p^2$ 时，输出电压 U_o 与 ω 无关，当然 ω 过高会使线圈寄生电容增大，影响系统的稳定性。

四、实操内容与步骤

① 按照差动变压器性能测试实操（实操一）安装传感器和接线，开启实操台电源。

② 选择信号源 $U_s 10^\circ$ 为输出频率 1 kHz、$U_H = 2$ V（用示波器监测）。

③ 用示波器观察 U_o 输出波形，移动铁芯至中间位置即输出信号最小时的位置，固定测微头。

④ 旋动测微头，向左（或右）旋到离中心位置 1 mm 处，使 U_o 有较大的输出。

⑤ 将激励频率分别设为 1 kHz、2 kHz…9 kHz，幅值不变，频率由频率/转速表监测。将测试结果记入表 4-2。

表 4-2　数据记录

f/kHz	1	2	3	4	5	6	7	8	9
U_o/V									

⑥ 实操结束后，关闭实操台电源，整理好实操设备。

五、实操报告

根据实操数据作出幅频特性曲线。

六、注意事项

实操过程中加在差动变压器原边的音频信号幅值不能过大，以免烧毁差动变压器传感器。

实操四　差动变压器测试系统的标定实操

一、实操目的

了解差动变压器测试系统的组成和标定方法。

二、实操仪器

信号源、差动变压器模块、相敏检波模块、直流稳压电源、数显单元。

三、实操原理

差动变压器由一只一次侧线圈和两只二次侧线圈及一个铁芯组成。铁芯连接被测物体,移动线圈中的铁芯,由于一次侧线圈和二次侧线圈之间的互感发生变化促使二次侧线圈的感应电动势发生变化,一只二次侧线圈感应电动势增加,另一只二次侧线圈感应电动势则减小,将两只二次侧线圈反向串接(同名端连接)引出差动输出。输出的变化反映了被测物体的移动量。

四、实操内容与步骤

① 将差动变压器安装在差动变压器实操模块上,并按图 4-11 接线。

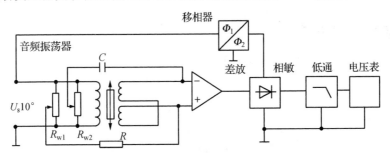

图 4-11　差动变压器系统标定接线图

② 检查接线无误后,打开实操台电源,调节音频信号源输出频率,使二次侧线圈波形不失真,用手将中间铁芯移至最左端,然后调节移相器,使移相器的输入输出波形正好是同相或反相时,将铁芯重新安装到位移装置上,用测微仪将铁芯置于线圈中部,用示波器观察差分放大器使输出最小,调节电桥 R_{w1}、R_{w2} 电位器使系统输出电压为零。

③ 用测微仪分别带动铁芯向左和向右移动 5 mm,每位移 0.5 mm 记录一个电压值并填入表 4-3 中。

表 4-3　数据记录

位移 X/mm										
电压 U/V										

④ 实操结束后,关闭实操台电源,整理好实操设备。

五、实操报告

作出 U-X 曲线,求出灵敏度 $S = \Delta U / \Delta X$,指出线性工作范围。

六、注意事项

实操过程中加在差动变压器原边的音频信号幅值不能过大,以免烧毁差动变压器传感器。

实操五　差动变压器的应用——振动测量实操

一、实操目的

了解差动变压器测量振动的方法。

二、实操仪器

振荡器、差动变压器模块、相敏检波模块、频率/转速表、振动源、直流稳压电源、示波器。

三、实操原理

利用差动变压器的静态位移特性测量动态参数。

四、实操内容与步骤

① 变压器按图 4-12 安装在振动源单元上。

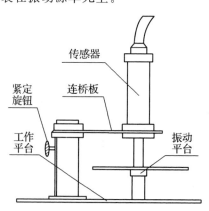

图 4-12　差动变压器振动实操安装图

② 合上实操台电源开关,用示波器观察信号源音频振荡器 U_s10° 输出,使其为输出频率 4 kHz、$V_{p-p} = 2$ V 的正弦信号。

③ 将差动变压器的输出线连接到差动变压器模块上,并按差动变压器测试系统的标定实操接线。检查接线无误后,打开固定稳压电源开关。

④ 用示波器观察差分放大器输出,调整传感器连接支架高度,使示波器显示的波形幅

值最小。仔细调节差动变压器使差动变压器铁芯能在差动变压器内自由滑动,用紧定旋钮固定。

⑤ 用手按压振动平台,使差动变压器产生一个较大的位移,调节移相器使移相器输入输出波形正好同相或反相,仔细调节 R_{w1} 和 R_{w2} 使低通滤波器输出波形幅值更小,基本为零。

⑥ 振动源"低频输入"接振荡器低频输出"U_s2",调节低频输出幅度旋钮和频率旋钮,使振动平台振荡较为明显。用示波器观察低通滤波器 U_o 的波形。

⑦ 保持低频振荡器的幅度不变,改变振荡频率,用示波器测量输出波形 $V_{p\text{-}p}$,记下实操数据,填入表 4-4 中。

表 4-4　数据记录

f/Hz									
U_o/V									

五、实操报告

① 根据实操结果作出梁的振幅-频率特性曲线,指出自振频率的大概值,并与用应变片测出的结果相比较。

② 保持低频振荡器频率不变,改变振荡幅度,同样可得到振幅与电压峰-峰值 $V_{p\text{-}p}$ 曲线(定性)。

六、注意事项

① 低频激振电压幅值不要过大,以免梁在共振频率附近振幅过大。

② 实操过程中加在差动变压器原边的音频信号幅值不能过大,以免烧毁差动变压器传感器。

实操六　差动变压器式传感器的应用——电子秤实操

一、实操目的

了解差动变压器式传感器的应用。

二、实操仪器

差动变压器、差动变压器实操模块、相敏检波模块、电压表、振动平台、砝码、示波器。

三、实操原理

利用差动变压器式传感器的静态位移特性和双平衡梁可以组成简易的电子秤系统。

四、实操内容与步骤

① 按差动变压器的应用——振动测量实操(实操五)安装传感器及接线,在双平衡梁处

于自由状态时,将系统输出电压调节为零,低通滤波器输出接电压表 20 V 挡。

② 逐个将砝码放在振动平台上(放在振动平台的边缘,第二个砝码叠在第一个砝码上面,以免振动平台和传感器上的磁钢影响实操)。

③ 逐个将所有砝码放到振动平台上,将砝码质量与输出电压值记入表 4-5 中。

表 4-5　数据记录

W/g	20	40	60	80	100	120	140	160	180	200
U_o/V										

五、实操报告

根据实操记录的数据,作出 W-U 曲线,并在取走砝码后在平台上放一质量未知的物品,根据曲线坐标值大致求出此物品的质量。

六、注意事项

由于悬臂梁的机械弹性滞后,此电子秤的线性和重复性不一定很好。

实操七　差动电感式传感器位移特性实操

一、实操目的

① 了解差动电感式传感器的原理。
② 比较差动电感式传感器和差动变压器式传感器的不同。

二、实操仪器

差动变压器、信号源、相敏检波模块、差动变压器实操模块、电压表、示波器、测微仪。

三、实操原理

差动螺管式电感传感器由电感线圈的两个二次侧线圈反相串接而成,工作在自感基础上,由于衔铁在线圈中位置的变化使两个线圈的电感量发生变化,包括两个线圈在内组成的电桥电路的输出电压信号因而发生相应变化。

四、实操内容与步骤

① 按差动变压器性能测试实操(实操一)将差动变压器安装在差动变压器实操模块上,将传感器引线插入实操模块插座中。

② 连接主机与实操模块电源线,按图 4-13 连线组成测试系统,两个二次侧线圈必须接成差动状态。

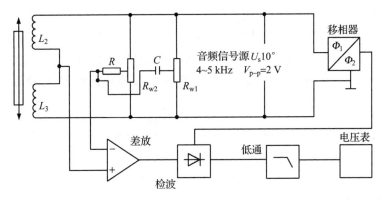

图 4‑13 差动变压器性能实操接线图

③ 使差动电感式传感器的铁芯偏在一边,使差分放大器有一个较大的输出,调节移相器使输入输出同相或者反相,然后调节电感式传感器铁芯到中间位置,直至差分放大器输出波形最小。

④ 调节 R_{w1} 和 R_{w2} 使电压表显示为零,当衔铁在线圈中左右位移时,$L_2 \neq L_3$,电桥失衡,输出电压信号的大小与衔铁位移量成比例。

⑤ 以衔铁居中位置为起点,分别向左、向右各位移 5 mm,记录 U_o、X 值并填入表 4‑6 中(每位移 0.5 mm 记录一个数值)。

表 4‑6 数据记录

X/mm																				
U_o/V																				

五、实操报告

根据实操记录的数据作出 U_o‑X 曲线,求出灵敏度 S,指出线性工作范围。

实操八 差动电感式传感器振动测量实操

一、实操目的

了解差动电感式传感器振动测量的原理。

二、实操仪器

差动变压器、信号源、相敏检波模块、差动变压器实操模块、电压表、示波器、测微仪。

三、实操原理

利用差动螺管式电感传感器的静态特性测量振动源的动态参数。

四、实操内容与步骤

① 按差动变压器的应用——振动测量实操(实操五)将差动变压器安装在振动源模块

上,将传感器引线插入实操模块插座中。

②按差动电感式传感器位移特性实操(实操七)调整好系统各部分器件及电路后,调整传感器的高度,使铁芯位于差动电感式传感器的中心,信号源低频信号输出 U_{o2} 接振动源"低频输入"。

③打开实操台电源,保持低频信号输出幅值不变,改变振荡频率,将动态测试结果记入表 4-7 中。

表 4-7　数据记录

振动频率 f/Hz	5	6	7	8	9	10	11	12	13	14	15	18	20	22	24	26	30
U_o/V																	

五、实操报告

在坐标平面上作出 U_o-f 曲线。

六、注意事项

振动平台振动时以与周围各部件不发生碰擦为宜,否则会产生非正弦振动。

项目拓展

差动变压器式传感器可以直接用于测量位移,也可以测量与位移有关的任何机械量,如振动、加速度、应变、比重、张力和厚度等。

一、位移测量

差动变压器以位移测量为主要用途,可以作为精密测量仪的主要部件,对零件进行多种精密测量工作,如内径、外径、不平行度、粗糙度、不垂直度、振摆、偏心和椭圆度等;也可以作为轴承滚动自动分选机的主要测量部件,可以分选大、小钢球,圆柱,圆锥等;可用于测量各种零件的膨胀、伸长、应变等。

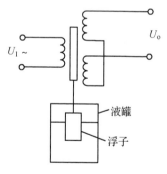

图 4-14　液位测量原理图

差动变压器还可用于测量液位。如图 4-14 所示,当某一设定液位使铁芯处于中心位置时,差动变压器输出信号 $U_o=0$;当液位上升或下降时,$U_o \neq 0$。通过相应的测量电路便能确定液位的高低。

二、振动和加速度测量

利用差动变压器加上悬臂梁弹性支承可构成加速度计,如图 4-15(a)所示。测量时,将悬臂梁底座及差动变压器的线圈骨架固定,将衔铁 A 端与被测振动体相连。当被测体带动衔铁以 $\Delta x(t)$ 振动时,差动变压器的输出电压也按相同规律变化,振动频率上限就受到限制,一般在 150 Hz 以下。图 4-15(b)是这种形式的加速度计的测量电路示意图。高频时测量加速度用压电式传感器。

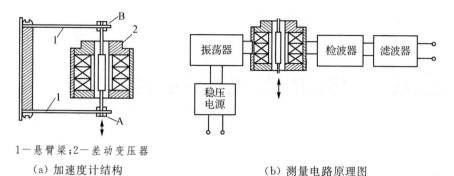

1—悬臂梁;2—差动变压器

(a) 加速度计结构　　　　　　　(b) 测量电路原理图

图 4-15　利用差动变压器测量加速度

三、压力测量

差动变压器和弹性敏感元件组合,可以组成开环压力传感器。由于差动变压器输出的是标准信号,常被称为变送器。

图 4-16(a)中膜盒 2 由两片波纹膜片焊接而成。波纹膜片是一种压有同心波纹的圆形薄膜。当膜片四周固定,两侧面存在压差时,膜片将弯向压力小的一侧,因此能够将压力变换为直线位移,适用于各种生产流程中液体、水蒸气及气体压力的测量。当被测气体未导入时,膜盒 2 无位移,活动衔铁在差动线圈的中间位置,因而输出电压为零。当被测压力从输入口 1 到膜盒 2 时,自由端产生一个正比于被测压力的位移,测杆使衔铁向上移动,在差动变压器二次侧线圈产生感应电动势,有电压输出,此电压经过安装在线路板 4 上的电子线路处理后,送到二次侧仪表加以显示。

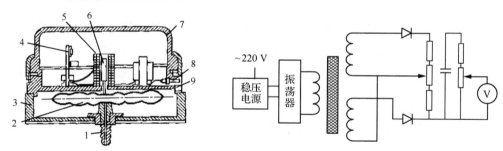

1—接头(输入口);2—膜盒;3—底座;4—线路板;5—线圈;6—衔铁;7—罩壳;8—插头;9—通孔

(a) 微压力变送器　　　　　　　(b) 测量电路原理图

图 4-16　利用差动变压器测量压力

练习题

1. 差动变压器式传感器有几种结构形式? 各有什么特点?
2. 差动变压器式传感器的零点残余电压产生的原因是什么? 怎样减小和消除它的影响?
3. 保证相敏检波电路可靠工作的条件是什么?
4. 简述差动变压器式传感器检测振动的基本原理。
5. 试比较自感式传感器与差动变压器式传感器的异同。

项目五　电涡流式传感器

(知)(识)(目)(标)

① 掌握电涡流式传感器的结构及原理。

② 了解电涡流式传感器的测量电路。

(技)(能)(目)(标)

通过对电涡流式传感器原理的学习,在掌握实操技能的基础上,实现对电涡流式传感器相关参数的测量。

(项)(目)(描)(述)

在 THSRZ-2 型传感器实操台上按照要求进行操作,进行电涡流式传感器实操训练。

知识描述

电涡流式传感器是基于电涡流效应制成的,当块状金属导体置于变化的磁场中或在磁场中做切割磁力线运动时,导体内将产生呈涡旋状的感应电流,此电流为电涡流,以上现象称为电涡流效应。电涡流式传感器可以对被测物体进行非接触式测量,实现无损探伤,测量范围广、灵敏度高、抗干扰能力强,因此被广泛用于工业生产和科学研究的各个领域。

一、电涡流式传感器的工作原理

电涡流式传感器工作原理如图 5-1 所示,将金属块置于一只传感器线圈的附近,当线圈通以正弦交变电流 i_1 时,线圈周围空间必然产生正弦交变磁场 H_1,在此交变磁场 H_1 中金属块会产生感应电流,即为电涡流 i_2。i_2 又产生新的交变磁场 H_2。根据楞次定律,H_2 又会反作用于原磁场 H_1,导致传感器线圈的等效阻抗发生变化。

被测金属物体的电涡流效应会引起线圈阻抗的变化,电涡流效应与线圈到金属物体间的距离 x、被测物体的电阻率 ρ 和磁导率 μ 以及几何形状有关,又与线圈几何参数、线圈中激磁电流频率 f 有关。因此,传感器线圈受电涡流影响时的等效阻抗 Z 的函数关系式为

$$Z = f(\rho, \mu, \gamma, f, x) \tag{5-1}$$

式中:γ 为线圈与被测物体的尺寸因子。

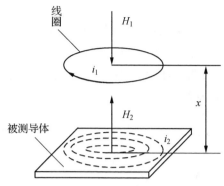

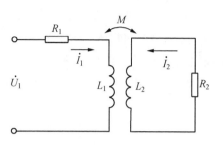

图 5-1　电涡流式传感器原理图　　　　图 5-2　电涡流式传感器等效电路图

由式(5-1)可知,若改变式中的某一个参数,而固定其他参数不变,就可形成根据阻抗的变化测量该参数的传感器。

被测物体中的电涡流可等效为一个短路环,电涡流式传感器的原理图则可等效为图 5-2,根据等效电路图可得线圈的等效电阻及等效电感分别为

$$R' = R_1 + \frac{\omega^2 M^2}{R_2^2 + (\omega L_2)^2} R_2 \tag{5-2}$$

$$L' = L_1 - L_2 \frac{\omega^2 M^2}{R_2^2 + (\omega L_2)^2} \tag{5-3}$$

式中:R_1、L_1 分别为线圈的电阻和电抗;R_2、L_2 分别为短路环的电阻和电抗;ω 为线圈电流的角频率;M 为线圈和短路环的互感系数。

由式(5-2)和式(5-3)可知,线圈与金属导体的阻抗、电感都是该系统互感系数 M^2 的函数,而互感系数又是距离 x 的非线性函数。

二、电涡流式传感器的分类

1. 高频反射式电涡流传感器

高频反射式电涡流传感器结构简单,主要由一个固定在框架上的扁平线圈构成,如图 5-3 所示。线圈 1 可以粘贴在框架上,也可以绕制在框架上的槽内。

电涡流式传感器是根据线圈与被测金属物体间的电磁耦合原理工作的,两者间的耦合程度又与被测物体的物理性质和尺寸因子有关,所以在对电涡流式传感器进行设计与使用时,必须同时考虑被测物体的物理性质和尺寸因子。如平板型的被测物体要求被测物体的半径应为线圈半径的 1～8 倍,否则会降低灵敏度;圆柱形的被测物体要求被测物体的直径应为线圈直径的 3～5 倍,否则也会影响灵敏度。

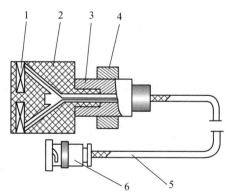

1—线圈;2—框架;3—框架衬套;
4—支架;5—电缆;6—插头

图 5-3　高频反射式电涡流传感器

2. 低频反射式电涡流传感器

低频反射式电涡流传感器的工作原理如图 5-4 所示，L_1 为发射线圈，L_2 为接受线圈，L_1、L_2 之间为被测物体。由振荡器产生的低频电压 u_i 加到 L_1 两端，L_1 中流过与 u_i 同频的交变电流并形成一交变磁场。如果 L_1、L_2 之间没有被测物体，L_1 的磁力线就会直接贯穿 L_2，在 L_2 中感应产生一感应输出电压 e，此时 e 的幅值最大。

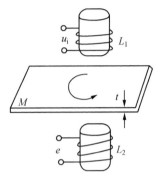 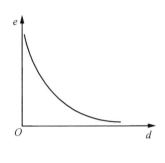

图 5-4　低频反射式电涡流传感器　　图 5-5　被测物体厚度和输出电压关系

当 L_1、L_2 之间放入被测物体，被测物体内部在 L_1 交变磁场的作用下产生涡流，涡流损耗了部分 L_1 磁场的能量，从而引起 L_2 的感应输出电压 e 下降。被测物体越厚，涡流损耗越大，感应输出电压 e 越小，二者的关系如图 5-5 所示。

对于不同的励磁频率，电涡流的贯穿深度不同，涡流损耗也不同，最终影响感应输出电压。因此，被测物体较薄或电阻率较大，要选择较高的励磁频率；被测物体较厚或电阻率较小，要选择较低的励磁频率。

三、测量电路

根据电涡流式传感器的工作原理，被测物体的变化引起的是线圈阻抗 Z 和电抗 L 的变化。阻抗 Z 的转换电路通常采用电桥电路，电抗 L 的转换电路通常采用谐振电路。

1. 电桥电路

电桥电路如图 5-6 所示，L_1 和 C_1 并联，L_2 和 C_2 并联，电阻 R_1，电阻 R_2，分别为电桥电路的四个桥臂。L_1、L_2 可以成为两个电涡流式传感器，接成差动结构；也可以其中一个电感是电涡流式传感器，另一个是固定电感。

初始状态下电桥平衡，当电涡流式传感器测量被测物体时，传感器线圈发生变化，电桥不平衡，输出电压即可反应被测物体测量值的变化量。

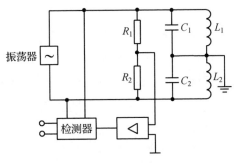

图 5-6　电桥电路

2. 谐振法电路

利用谐振法可将传感器线圈等效电感的变化转换为电压或电流的变化,传感器线圈电感与电容并联形成并联谐振回路,并联谐振频率为

$$f_0 = \frac{1}{2\pi\sqrt{LC}} \tag{5-4}$$

当发生谐振时,LC 回路的等效阻抗最大,为

$$Z_0 = \frac{L}{R'C} \tag{5-5}$$

式中:R' 为回路的等效损耗电阻。

当传感器线圈电感 L 随电涡流效应变化时,并联谐振频率和等效阻抗都随之变化,因此通过测量回路谐振频率和回路等效阻抗,可间接测量被测物体测量值的变化量。

谐振法电路主要有调幅式和调频式两种基本形式。

(1) 调幅式电路

图 5-7 所示为调幅式测量电路原理框图,电涡流式传感器线圈与电容并联组成 LC 并联谐振回路,由恒流源石英晶体振荡器供电。没有被测物体时,并联谐振回路的谐振频率等于激励振荡器的频率 f_0,此时 LC 并联回路阻抗最大。

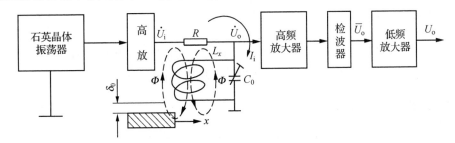

图 5-7　调幅式测量电路原理框图

石英振荡器产生稳频、稳幅高频振荡电压(100 kHz～1 MHz)用于激励电涡流线圈。金属材料在高频磁场中产生电涡流,引起电涡流线圈端电压的衰减,再经高放、检波、低放电路,最终输出的直流电压 U_o 反映了金属体对电涡流线圈的影响(如两者之间的距离等参数)。

（2）调频式电路

图 5-8 所示为调频式测量电路原理框图,当电涡流线圈与被测物体的距离 x 改变时,电涡流线圈的电感量 L 也随之改变,引起 LC 振荡器的输出频率变化,此频率可直接用计算机测量。如果要用模拟仪表进行显示或记录,必须使用鉴频器将 Δf 转换为电压 ΔU。。

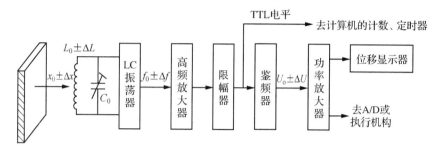

图 5-8 调频式测量电路原理框图

项目实施

实操一 电涡流式传感器的位移特性实操

一、实操目的

了解电涡流式传感器测量位移的工作原理和特性。

二、实操仪器

电涡流式传感器、铁圆盘、电涡流式传感器模块、测微头、直流稳压电源、数显直流电压表、测微头。

三、实操原理

通入高频电流的线圈产生磁场,当有导电体接近时,因导电体涡流效应产生涡流损耗,而涡流损耗与导电体离线圈的距离有关,因此可以进行位移测量。

四、实操内容与步骤

① 按图 5-9 安装电涡流式传感器。

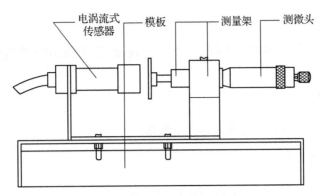

图 5-9　电涡流式传感器安装图

② 在测微头端部装上铁质金属圆盘,作为电涡流式传感器的被测体。调节测微头,使铁质金属圆盘的平面贴到电涡流式传感器的探测端,固定测微头。

③ 将传感器按图 5-10 连接,将电涡流式传感器连接线接到模块上标有"$\sim\!\!\!\!\curvearrowleft$"的两端,实操模块输出端 U_o 与数显单元输入端 U_i 相接。数显表量程切换开关选择电压 20 V挡,通过模块电源用连接导线从实操台接入 +15 V 电源。

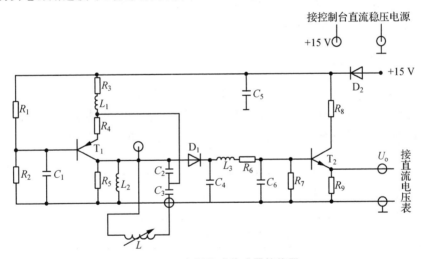

图 5-10　电涡流式传感器接线图

④ 打开实操台电源,记录数显表读数,然后每隔 0.2 mm 读一个数,直到输出几乎不变为止。将结果填入表 5-1 中。

表 5-1　数据记录

X/mm						
U_o/V						

五、实操报告

根据表 5-1 中数据,画出 U_o-X 曲线,根据曲线找出线性区域及进行正、负位移测量时的最佳工作点,并计算量程为 1 mm、3 mm 及 5 mm 时的灵敏度和线性度(可以用端点法或其他方法拟合直线)。

实操二 被测体材质、面积大小对电涡流式传感器的特性影响实操

一、实操目的

了解不同的被测体材料对电涡流式传感器性能的影响。

二、实操仪器

电涡流式传感器、铁圆盘、电涡流式传感器模块、测微头、直流稳压电源、数显直流电压表、测微头、铜和铝的被测体圆盘。

三、实操原理

涡流效应与金属导体本身的电阻率和磁导率有关,因此不同的材料就会有不同的性能。在实际应用中,由于被测体的材料、形状和大小不同会导致被测体上涡流效应不充分,会减弱甚至不产生涡流效应,因而影响电涡流式传感器的静态特性,所以在实际测量中,往往必须针对具体的被测体进行静态特性标定。

四、实操内容与步骤

① 将电涡流式传感器安装到电涡流式传感器实操模块上。

② 重复电涡流式传感器的位移特性实操(实操一)的步骤,将铁质金属圆盘分别换成铜质金属圆盘和铝质金属圆盘。将实操数据分别填入表 5-2 和表 5-3 中。

表 5-2 铜质被测体

X/mm										
U/V										

表 5-3 铝质被测体

X/mm										
U/V										

③ 重复电涡流式传感器的位移特性实操(实操一)的步骤,将被测体换成比上述金属圆盘面积更小的铝质被测体,将实操数据填入表 5-4 中。

表 5-4 小直径的铝质被测体

X/mm										
U/V										

五、实操报告

根据表 5-2、表 5-3 和表 5-4 分别计算量程为 1 mm 和 3 mm 时的灵敏度和非线性误差

（线性度）。

实操三 电涡流式传感器的应用——电子秤实操

一、实操目的

了解用电涡流式传感器组成电子秤系统的原理与方法。

二、实操仪器

电涡流式传感器模块、电涡流式传感器、振动源、直流稳压电源、数显单元。

三、实操原理

根据电涡流式传感器静态位移特性，结合双平衡梁的应变效应，可以组成简单的电子秤测量系统。

四、实操内容与步骤

① 将电涡流式传感器安装到振动源的传感器支架上，电涡流式传感器探头避开振动平台中心孔，引出线接入电涡流式传感器模块。

② 将直流电源接入传感器实操模块，打开实操台电源，在双平衡梁处于自由状态时，将电涡流式传感器紧贴振动平台，输出接电压表 2 V 挡。

③ 依次将砝码放到振动平台的一端，将所称质量与输出电压值填入表 5-5 中。

表 5-5 数据记录

W/g								
U_o/V								

五、实操报告

根据实操记录的数据，作出 U_o-W 曲线，并在取走砝码后在平台上放一质量未知的物品，根据曲线坐标值大致求出该物品的质量。

实操四 电涡流式传感器转速测量实操

一、实操目的

了解用电涡流式传感器测量转速的原理与方法。

二、实操仪器

电涡流式传感器，转动源，+5 V、+4 V、±6 V、±8 V、±10 V 直流电源，电涡流式传感器模块。

三、实操原理

根据电涡流式传感器对不同材质的被测物体输出不同的静态位移特性,选择合适的工作点即可测量转速。

四、实操内容与步骤

① 将电涡流式传感器安装到转动源传感器支架上,引出线接电涡流式传感器实操模块。

② 打开主控台电源开关,选择+4 V、+6 V、+8 V、+10 V、12 V(±6 V)、16 V(±8 V)、20 V(±10 V)、24 V 不同电源驱动转动源,可以观察到转动源转速的变化,待转速稳定后,将驱动电压对应的转速记入表 5-6 中,也可用示波器观测磁电传感器输出的波形。

表 5-6　数据记录

驱动电压 U/V	4	6	8	10	12	16	20	24
转速 n/rpm								

五、实操报告

① 分析电涡流式传感器测量转速的原理。

② 根据记录的驱动电压和转速,作 $U\text{-}n$ 曲线。

实操五　电涡流式传感器振动测量实操

一、实操目的

了解电涡流式传感器测量振动的原理与方法。

二、实操仪器

电涡流式传感器、振动源、信号源、直流稳压电源、电涡流式传感器模块、示波器、铁质圆片。

三、实操原理

根据电涡流式传感器的动态特性和位移特性,选择合适的工作点即可测量振幅。

四、实操内容与步骤

① 将铁质被测体平放到振动平台的中心位置,根据图 5-11 安装电涡流式传感器,注意传感器端面与被测体振动平台(铁材料)之间的安装距离即线形区域(可利用项目四中实操三得到的铁材料特性曲线找出)。

② 将电涡流式传感器的连接线接到模块上标有"〰"的两端,通过模块电源用连接

导线从实操台接入＋15 V电源。实操模板输出端接示波器。将信号源的低频输出U_{s2}接到三源板的低频输入端,低频调频调到最小位置,U_{s2}幅度调节到中间位置,打开实操台电源开关。

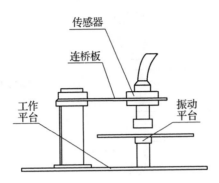

图5-11　电涡流式传感器安装

③ 调节"低频调频"旋钮,使振动平台有微小振动。从示波器观察电涡流实操模块的输出波形,记录不同振动频率下电涡流式传感器模块输出波形的峰值。

表5-7　数据记录

振动频率 f/Hz	5	6	7	8	9	10	11	12	13	14	15	18	20	22	24	26	30
$V_{\text{p-p}}$/V																	

五、实操报告

根据实操所得数据,作出振动频率与输出峰值曲线,得出系统的共振频率。

六、思考题

有一个振动频率为10 kHz的被测体,现需要测其振动参数,你是选用压电式传感器还是电涡流式传感器,或认为两者均可?

项目拓展

电涡流式传感器主要用于位移、振动、转速、距离、厚度等参数的测量,它可实现非接触测量,实现对汽轮机、水轮机、鼓风机、压缩机、空分机、齿轮箱、大型冷却泵等大型旋转机械轴的径向振动、轴向位移、键相器、轴转速、胀差、偏心以及转子的动力学研究和零件尺寸的检测等,并进行在线测量和保护。

一、低频透射式涡流厚度传感器

如图5-12所示,将发射线圈L_1和接收线圈L_2分别置于被测金属板的上、下方,由于低频磁场集肤效应小,渗透程度深,当低频(音频范围)电压e_1加到线圈L_1的两端后,所产生磁力线的一部分透过金属板,在线圈L_2中产生感应电动势e_2。但由于涡流消耗部分磁场能量,会影响感应电动势 e_2 的大小,金属板厚度越厚,损耗能量越大,线圈 L_2 输出的感应电动势 e_2 越小,因此,感应电动势 e_2 的大小与金属板的厚度及材料的性质有关。若金属板材料的性质一定,那么感应电动势 e_2 的变化就能反映被测物体的厚度。

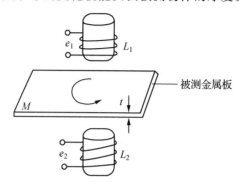

图 5-12　透射式涡流厚度传感器结构原理图

二、高频反射式涡流厚度传感器

如图 5-13 所示,在带材的上、下两侧对称地设置两个特性完全相同的涡流传感器 S_1、S_2。S_1、S_2 与被测带材表面之间的距离分别为 x_1 和 x_2。若带材厚度不变,则被测带材上、下表面之间的距离总满足 $x_1 + x_2 =$ 常数。两传感器的输出电压之和为 $2U_0$,数值不变。如果被测带材厚度改变量为 $\Delta\delta$,则两传感器与带材之间的距离也改变了一个 $\Delta\delta$,此时两传感器输出电压为 $2U_0 + \Delta U$。ΔU 经放大器放大后,通过指示仪表电路即可指示出带材厚度的变化值。

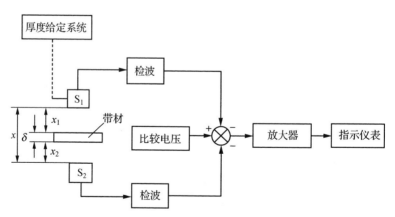

图 5-13　高频反射式涡流厚度传感器系统图

三、电涡流式转速传感器

如图 5-14 所示,在软磁材料制成的输入轴上加工一键槽,在距输入表面 d_0 处设置电涡流式传感器,输入轴与被测旋转轴相连。当被测旋转轴转动时,输出轴的距离发生 $d_0 + \Delta d$ 的变化。由于电涡流效应,导致振荡谐振回路的品质因数发生变化,使传感器线圈电感随 Δd 的变化而发生变化,影响振荡器的电压幅值和振荡频率。因此,随着输入轴的旋转,从振荡器输出的信号包含与转速成正比的脉冲频率信号。根据该信号由检波器检出电压幅值的变化量,然后经整形电路输出脉冲频率信号 f_n,将该信号送单片机或其他装置便可得到被测转速。

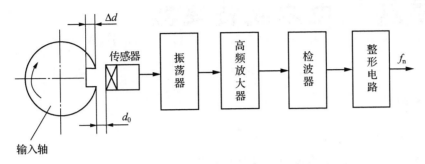

图 5-14　电涡流式转速传感器工作原理图

练习题

1. 什么是电涡流效应?

2. 简述电涡流式传感器的工作原理。

3. 试简述电涡流式传感器用于金属探伤的工作原理。

4. 用一电涡流式测振仪测量某机器主轴的轴向窜动,如图 5-15(a)所示,已知传感器的灵敏度为 2~5 mV/mm,最大线性范围(优于 1%)为 5 mm。现将传感器安装在主轴的右侧,用高速记录仪记录下的振动波形如图 5-15(b)所示。问:

(1) 轴向振动 $a_m \sin\omega t$ 的振幅 a_m 为多少?

(2) 主轴振动的基频 f 是多少?

(3) 为了得到较好的线性度与最大的测量范围,传感器与被测金属的安装距离 l 以多少毫米为佳?

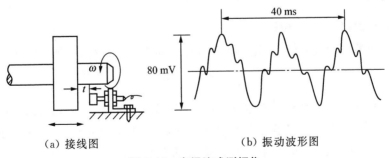

(a) 接线图　　　　(b) 振动波形图

图 5-15　电涡流式测振仪

项目六 电容式传感器

知识目标

① 掌握电容式传感器的结构及原理。
② 掌握电容式传感器的等效电路及测量电路。
③ 掌握常见电容式传感器的应用方法。

技能目标

通过对电容式传感器原理的学习,在掌握实操技能的基础上,实现对电容式传感器相关参数的测量。

项目描述

在 THSRZ-2 型传感器实操台上按照要求进行操作,进行电容式传感器实操训练。

知识描述

电容式传感器是将被测量的变化转化为电容量的变化的传感器。电容式传感器实质上就是一个可变电容器,可以用于位移、尺寸、压力等信号的测量。

一、电容式传感器的工作原理及类型

1. 电容式传感器的工作原理

电容式传感器由两块平行金属极板组成,若不考虑其边缘效应,则电容为

$$C = \frac{\varepsilon S}{d} \tag{6-1}$$

式中:ε 为电容极板间介质的介电常数,$\varepsilon = \varepsilon_0 \varepsilon_r$,$\varepsilon_0 = 8.854 \times 10^{-12}$ F/m,为真空介电常数,ε_r 为极板间介质的介电常数;S 为两平行金属板正对的面积;d 为两平行金属板之间的距离。

由式(6-1)可知,当介质的介电常数 ε、电容的有效面积 S 或两个极板间的距离 d 这三个参数中的任一个发生变化,就会引起电容 C 的变化。如果三个参数中有两个不变,只有一个变化,就可以将该参数的变化转换为电容量的变化,通过测量转换电路输出为电量,利用这个原理就可以制作电容式传感器。

2. 电容式传感器类型

根据工作原理,可将电容式传感器分成三种基本类型:变极距(或称变间隙)型、变面积

型和变介电常数型。

（1）变极距型电容式传感器

变极距型电容式传感器的结构如图 6-1 所示，当可动极板随被测物体移动时，极板间的距离 d 随之改变，从而使电容量发生变化。

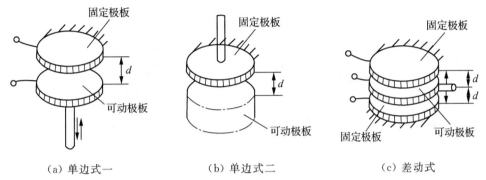

（a）单边式一　　　　　　（b）单边式二　　　　　　（c）差动式

图 6-1　变极距型电容式传感器结构图

设初始极距为 d_0，初始电容量为

$$C_0 = \frac{\varepsilon S}{d_0} \tag{6-2}$$

当传感器极板间距减少 Δd 时，电容量变为

$$C = C_0 + \Delta C = \frac{\varepsilon S}{d_0 - \Delta d} = \frac{C_0}{1 - \frac{\Delta d}{d_0}} = \frac{C_0 \left(1 + \frac{\Delta d}{d_0}\right)}{1 - \left(\frac{\Delta d}{d_0}\right)^2} \tag{6-3}$$

由式（6-3）可知，电容量 C 与极板间距的变化量 Δd 是非线性关系，若 $\Delta d \ll d_0$，则上式可简化为

$$C = C_0 \left(1 + \frac{\Delta d}{d_0}\right) = C_0 + C_0 \frac{\Delta d}{d_0} \tag{6-4}$$

简化后电容量 C 与极板间距的变化量 Δd 近似为线性关系，因此，变极距型电容式传感器只有在 $\Delta d \ll d_0$ 时才有近似的线性关系。

变极距型电容式传感器的灵敏度为

$$K_0 = \frac{\Delta C}{\Delta d} = \frac{C_0}{d_0} \tag{6-5}$$

由式（6-5）可知，灵敏度 K_0 与初始极距 d_0 成反比，减小 d_0 可以提高灵敏度。

变极距型电容式传感器的非线性误差为

$$\gamma = \pm \left(\frac{\Delta d}{d_0}\right) \times 100\% \tag{6-6}$$

非线性误差 γ 与初始极距 d_0 成反比，d_0 越大，非线性误差越小。

综上所述，提高灵敏度 K_0 与减少非线性误差 γ 无法兼顾，因此，为了能够同时改善非线性和提高灵敏度，变极距型电容式传感器常采用差动式结构。

（2）变面积型电容式传感器

变面积型电容式传感器的结构如图 6-2 所示,当可动极板随被测物体移动时,极板间的正对面积 S 随之改变,从而使电容量发生变化。变面积型电容式传感器通常可分为直线位移式和角位移式两种。

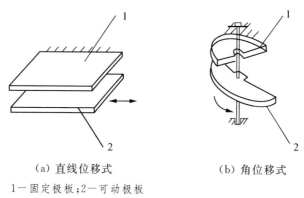

（a）直线位移式　　　　（b）角位移式

1—固定极板;2—可动极板

图 6-2　变面积型电容式传感器结构图

① 直线位移式。

直线位移式电容式传感器的结构如图 6-2(a)所示,电容器极板长度为 a,宽度为 b,极距为 d_0,当可动极板相对固定极板沿长度方向移动 Δa 时,电容变化量为

$$\Delta C = C_0 - C = \frac{\varepsilon ab}{d_0} - \frac{\varepsilon(a-\Delta a)b}{d_0} = \frac{\varepsilon(\Delta a)b}{d_0} \tag{6-7}$$

由式(6-7)可知,电容变化量 ΔC 与极板位移量 Δa 成正比,且为线性关系。

直线位移式电容式传感器的灵敏度为

$$K_0 = \frac{\Delta C}{\Delta a} = \frac{\varepsilon b}{d_0} \tag{6-8}$$

灵敏度 K_0 为一常数,直线位移式电容式传感器具有线性输出特性。增大极板宽度 b 或减小板距 d_0 都可以提高灵敏度。

② 角位移式。

角位移式电容式传感器的结构如图 6-2(b)所示,当可动极板相对固定极板角位移 $\theta=0$ 时,电容量为

$$C_0 = \frac{\varepsilon S_0}{d_0} \tag{6-9}$$

式中:S_0 为初始角位移。

当可动极板相对固定极板有一个角位移 θ 时,电容量变为

$$C = \frac{\varepsilon S_0\left(1-\frac{\theta}{\pi}\right)}{d_0} = C_0 - C_0\frac{\theta}{\pi} \tag{6-10}$$

由式(6-10)可知,电容量 C 与角位移 θ 呈线性关系。

（3）变介电常数型电容式传感器

变介电常数型电容式传感器的结构如图 6-3 所示,当电容器极板间的介质发生变化而

引起介电常数的变化,从而使电容量发生变化。

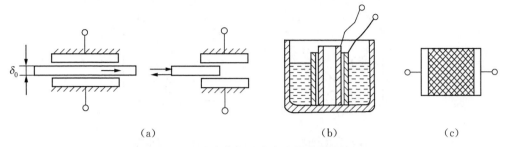

（a）　　　　　　　　　　　（b）　　　　　　　（c）

图 6-3　变介电常数型电容式传感器结构图

如图 6-3(a)所示,此类电容器常用来检测片状材料的厚度。设两平行极板都为固定极板,极距为 d_0,原电容器极板间介质的介电常数为 ε_{r1},当介电常数为 ε_{r2} 的被测物体以不同深度插入电容器中,就会引起电容量的变化。此时的电容量相当于两个不同介质的电容的并联,即

$$C = C_1 + C_2 = \left(\frac{\varepsilon_0 \delta_0}{d_0}\right)\left[\varepsilon_{r1}(l_0 - l) + \varepsilon_{r2} l\right] \tag{6-11}$$

式中:δ_0 为极板的宽度;l_0 为极板的长度;l 为第二种介质进入极板间的长度。

被测物体插入电容器,引起的电容变化量为

$$\frac{\Delta C}{C_0} = \frac{C - C_0}{C_0} = \frac{(\varepsilon_{r2} - l) l}{l_0} \tag{6-12}$$

由式(6-12)可知,电容的变化与第二种介质进入电容器的长度 l 呈线性关系。

如图 6-3(c)所示,此类电容器常用来检测容器中液面高度。设被测物体介电常数为 ε_1,电容器内液体高度为 h,电容器高度为 H,内筒外径为 d,外筒内径为 D,此时电容量为

$$C = \frac{2\pi\varepsilon_1 h}{\ln\frac{D}{d}} + \frac{2\pi\varepsilon(H - h)}{\ln\frac{D}{d}} = \frac{2\pi\varepsilon H}{\ln\frac{D}{d}} + \frac{2\pi h(\varepsilon_1 - \varepsilon)}{\ln\frac{D}{d}} = C_0 + \frac{2\pi h(\varepsilon_1 - \varepsilon)}{\ln\frac{D}{d}} \tag{6-13}$$

式中:$C_0 = \dfrac{2\pi\varepsilon H}{\ln\dfrac{D}{d}}$ 为由传感器的基本尺寸决定的初始电容值。由式(6-13)可知,此类传感器

的电容量正比于被测物体的液位高度 h。

二、电容式传感器的测量转换电路

电容式传感器的测量转换电路将被测量引起的电容量的变化转换成电量的变化,常用电路有:电桥电路、脉冲宽度调制电路和运算放大器式电路。

1. 电桥电路

将电容式传感器接在电桥的一个桥臂或两个桥臂上,其他桥臂可以是电阻、电容或电感,形成单臂电桥或是差动电桥,如图 6-4 所示,初始状态时电桥平衡。

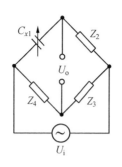 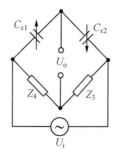

（a）单臂电桥　　　　　　　（b）双臂电桥

图 6-4　电桥电路

单臂电桥输出电压为

$$\dot{U}_{o}=\pm\frac{1}{4}\frac{\Delta C}{C_0}\dot{U}_i \tag{6-14}$$

双臂电桥输出电压为

$$\dot{U}_{o}=\pm\frac{1}{2}\frac{\Delta C}{C_0}\dot{U}_i \tag{6-15}$$

由式（6-14）和式（6-15）可知，电桥输出电压与电容变化量呈正比关系，但电桥电路不能判别被测物体的移动方向，须配合相敏检波电路进行判别。

2. 脉冲宽度调制电路

脉冲宽度调制电路如图 6-5 所示，利用对传感器电容的充放电使电路输出脉冲的宽度随传感器电容量的变化而变化，通过低通滤波器就能得到对应被测量变化的直流信号。

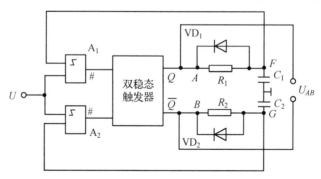

图 6-5　脉冲宽度调制电路

图中 C_1、C_2 接成差动式结构，比较器 A_1、A_2 为双稳态触发器，当双稳态触发器输出 Q 为高电平时，即 A 点为高电平，B 点为低电平，A 点经过电阻 R_1 对电容 C_1 进行充电，直至 F 点电位高于参考电压 U，比较器 A_1 输出高电平使得双稳态触发器反转。当双稳态触发器输出 Q 为低电平时，即 A 点为低电平，B 点为高电平，电容 C_1 经过二极管 VD_1 放电至零，同时 B 点经过电阻 R_2 对电容 C_2 进行充电，当 G 点电位高于参考电压 U 时，比较器 A_2 输出高电平使得双稳态触发器再次反转，Q 输出高电平时，A 点再次变为高电平，B 点为低电平。如此反复，重复上述工作过程，双稳态触发器的两输出端各自产生一宽度可以根据电容 C_1、C_2 值调制的脉冲方波。

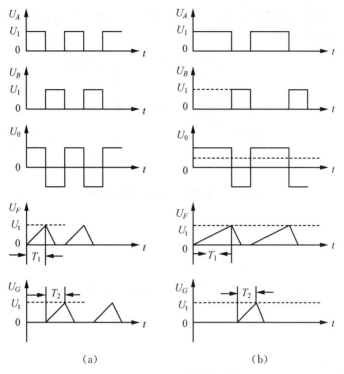

(a)   (b)

图 6-6 调制脉冲方波

当 $C_1 = C_2$ 时，A 点、B 点输出电压如图 6-6(a)所示，此时输出电压 U_{AB} 的平均值为 0。当 $C_1 \neq C_2$ 时，A 点、B 点输出电压如图 6-6(b)所示，C_1、C_2 的充电时间常数不一致，则输出电压 U_{AB} 的平均值不为 0。

输出电压 U_{AB} 经过低通滤波器后得到一直流电压 U_0：

$$U_0 = U_A - U_B = \frac{T_1 - T_2}{T_1 + T_2} U_1 \qquad (6\text{-}16)$$

式中：$T_1 = R_1 C_1 \ln \dfrac{U_1}{U_1 - U_t}$，为电容 C_1 充电至 U_t 所需的时间；$T_2 = R_2 C_2 \ln \dfrac{U_1}{U_1 - U_t}$，为电容 C_2 充电至 U_t 所需的时间；U_1 为触发器输出的高电位。

当电阻 $R_1 = R_2 = R$ 时，将公式 T_1、T_2 代入式(6-16)中，直流电压 U_0 变为

$$U_0 = \frac{C_1 - C_2}{C_1 + C_2} U_1 \qquad (6\text{-}17)$$

由式(6-17)可知，直流输出电压正比于电容器的电容量差值，极性可正可负。

3. 运算放大器式电路

运算放大器式电路结构如图 6-7 所示，将电容传感器 C_x 接在运算放大器的反馈回路上，C 为固定电容，输入电压 u_i 为交流电压源，输出电压 u_o 可由下式计算：

$$\dot{U}_o = -\frac{C}{C_x} \dot{U}_i = -\frac{Cd}{\varepsilon S} \dot{U}_i \qquad (6\text{-}18)$$

由式(6-18)可知，由于输入电压加在运算放大器的反相输入端，输出电压与输入电源电压反

相,输出电压$\dot{U}_o$与电容传感器的极距d呈线性关系。由此可知,运算放大器电路克服了变极距型电容式传感器的非线性。

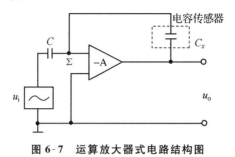

图6-7　运算放大器式电路结构图

项目实施

实操一　电容式传感器的位移特性实操

一、实操目的

了解电容式传感器的结构及特点。

二、实操仪器

电容式传感器、电容式传感器模块、测微头、数显直流电压表、直流稳压电源、绝缘护套。

三、实操原理

电容式传感器是指能将被测物理量的变化转换为电容量变化的一种传感器,它实质上是具有一个可变参数的电容器。平板电容器原理如下式:

$$C = \frac{\varepsilon S}{d} = \frac{\varepsilon_0 \varepsilon_r S}{d} \tag{6-19}$$

式中:S为极板面积;d为极板间距离;ε_0为真空介电常数;ε_r为介质相对介电常数。由此可以看出,当被测物理量使S、d或ε_r发生变化时,电容量C随之发生改变。如果保持其中两个参数不变而仅改变另一个参数,就可以将该参数的变化单值地转换为电容量的变化。所以电容式传感器可以分为三种类型:改变极间距离的变间隙式、改变极板面积的变面积式和改变相对介电常数的变介电常数式。这里采用变面积式。如图6-8所示,两只平板电容器共享一个下极板,当下极板随被测物体移动时,两只电容器上下极板的有效面积一只增大,一只减小,将三个极板用导线引出,形成差动电容输出。

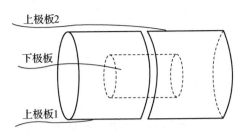

图 6-8　变面积式电容传感器

四、实操内容与步骤

① 按图 6-9 将电容式传感器安装在电容式传感器模块上,将传感器引线插入实操模块插座中。

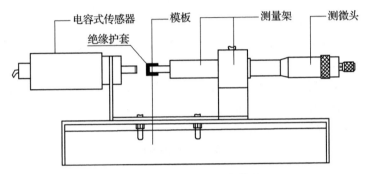

图 6-9　电容式传感器安装图

② 将电容式传感器模块的输出 U_o 接到数显直流电压表。

③ 接入 ±15V 电源,合上主控台电源开关,将电容式传感器调至中间位置,调节 R_w,使得数显直流电压表显示为 0(选择 2 V 挡)(R_w 确定后不能改动)。

④ 旋动测微头推进电容传感器的共享极板(下极板),每隔 0.2 mm 记录位移量 X 与输出电压值 U 的变化,填入表 6-1 中。

表 6-1　数据记录

X/mm										
U/mV										

五、实操报告

根据表 6-1 中的数据计算电容式传感器的系统灵敏度 S 和非线性误差 δ_f。

实操二　电容式传感器的应用——电子秤实操

一、实操目的

了解电容式传感器组成电子秤的原理与方法。

二、实操仪器

电容式传感器、电容式传感器模块、直流稳压电源、振动源。

三、实操原理

利用电容式传感器的静态位移特性和双平衡梁的应变特性可以组成简易的电子秤测量系统。

四、实操内容与步骤

① 将差动电容式传感器安装在振动源的传感器支架上,传感器引出线接入电容式传感器模块。

② 打开实操台电源,将直流电源接入传感器模块,在双平衡梁处于自由状态时,调节安装电容式传感器支架的高度,使电容式传感器动极板大致在中间位置。调节电位器 R_w 使系统输出电压为零,输出接电压表 2 V 挡。

③ 逐个将砝码放到振动平台上,为避免电磁铁的影响,应尽量使砝码靠近振动平台的边缘,且下一个砝码加在前一个砝码的上面。

④ 将所称质量与输出电压值填入表 6-2 中。

表 6-2 数据记录

W/g										
U_o/V										

五、实操报告

根据实操记录的数据,作出 U_o-W 曲线,并在取走砝码后在平台上放一质量未知的物品,根据曲线坐标值大致求出此物体的质量。

实操三 电容式传感器动态特性实操

一、实操目的

了解电容式传感器动态性能的测量原理与方法。

二、实操仪器

电容式传感器、电容式传感器模块、相敏检波模块、振荡器、频率/转速表、直流稳压电源、振动源、示波器。

三、实操原理

与电容式传感器的位移特性实操(实操一)原理相同。

四、实操内容与步骤

① 将电容式传感器安装到振动源传感器支架上,传感器引线接入传感器模块,输出端 U_o 接相敏检波模块低通滤波器的输入 U_i 端,低通滤波器输出 U_o 接示波器。调节 R_w 到最大位置(顺时针旋到底),通过紧定旋钮使电容式传感器的动极板处于中间位置,U_o 输出为 0。

② 主控台振荡器"低频输出"接到振动台的激励源,振动频率选"5～15 Hz",将振动幅度初始值调到零。

③ 将实操台 ±15 V 的电源接入实操模块,检查接线无误后,打开实操台电源,调节振动源激励信号的幅度,用示波器观察实操模块输出波形。

④ 保持振荡器"低频输出"的幅度旋钮不变,改变振动频率(用数显频率计监测),用示波器测出 U_o 输出的峰-峰值。保持频率不变,改变振荡器"低频输出"的幅度,测量 U_o 输出的峰-峰值,填入表 6-3 中。

表 6-3　数据记录

振动频率 f/Hz	5	6	7	8	9	10	11	12	13	14	15	18	20	22	24	26	30
$V_{p\text{-}p}$/V																	

五、实操报告

分析电容式传感器测量的振动的波形,作出 f-$V_{p\text{-}p}$ 曲线,找出振动源的固有频率。

项目拓展

电容式传感器可用来测量直线位移、角位移、振动振幅,尤其适合测量高频振动振幅、精密轴系回转精度、加速度等机械量。

一、电容式压力传感器

电容式压力传感器的结构如图 6-10 所示,它由两个玻璃圆盘和一个金属(不锈钢)膜片组成。受压膜片电极位于两个固定电极之间,构成两个电容器。在压力的作用下一个电容器的容量增大而另一个则相应减小,测量结果由差动式电路输出。电容式压力传感器的固定电极是在凹曲的玻璃表面上镀金属层而制成的,过载时膜片受到凹面的保护而不致破裂。

两个玻璃圆盘上的凹面深约 25 mm,其上镀金属作为电容式传感器的两个固定极板,夹在两个凹圆盘中的膜片为传感器的可动电极,它们形成传感器的两个差动电容 C_1、C_2。当两边压力 F_1、F_2 相等时,膜片处在中间位置,与左、右固定电容间距相等,因此两个电容相等;当 $F_1 > F_2$ 时,膜片弯向 F_2 侧,那么两个差动电容一个增大、一个减小,且变化量大小相同;当压差反向时,差动电容变化量也反向。这种差压传感器也可以用来测量真空或微小绝对压力,此时只要把膜片的一侧密封并抽成高真空(10^{-5} Pa)即可。

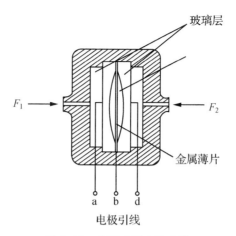

玻璃层

F_1 F_2

金属薄片

a b d

电极引线

图 6-10   电容式压力传感器

二、电容式加速度传感器

电容式加速度传感器的结构如图 6-11 所示,它有两个固定极板(与壳体绝缘),中间有一个用弹簧片支撑的质量块,质量块的两个端面经过磨平抛光作为可动极板。

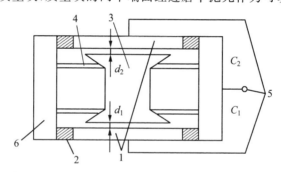

1、5—固定极板;2—壳体;3—质量块;4—弹簧片;6—绝缘块

图 6-11   电容式加速度传感器

传感器壳体随被测物体做加速运动,质量块在惯性空间中相对静止,而两个固定电极将相对质量块在垂直方向产生正比于被测加速度的位移。此位移使两个电容的间隙发生变化,一个增加,另一个减小,从而使 C_1、C_2 产生大小相等、符号相反的增量,此增量正比于被测加速度。由此经过测量电路运算处理,便可得到被测物体的加速度值。

三、差动式电容测厚传感器

电容测厚传感器的安装结构示意图如图 6-12 所示,该传感器用来对轧制过程中的金属带材的厚度进行检测,其工作原理是在被测带材的上下两侧各放置一块面积相等、与带材距离相等的极板,这样极板与带材就构成两个电容器 C_1、C_2。把两块极板用导线连接起来构成一个极,而带材看作是电容的另一个极,其总电容为 $C_1 + C_2$,如果带材的厚度发生变化,将引起电容量 C_1、C_2 一个增加一个减小,用转换电路将电容的变化检测出来,经过放大器、整流电路等处理后,即可由电表显示带材厚度的变化结果。

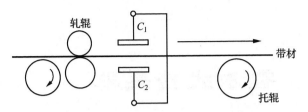

图 6-12　电容测厚传感器安装结构示意图

练习题

1. 为什么电容式传感器易受干扰？如何减小干扰？

2. 为什么高频工作时,电容式传感器连接电缆的长度不能随意变化？

3. 电容式传感器的敏感元件和转换元件是什么？

4. 电容式传感器按工作原理分为哪三类？各适用于什么场合？

5. 电容式加速度传感器安装在轿车上,可以作为保护装置,请解释其工作原理。

6. 已知变面积型电容式传感器的两极板间距离为 10 mm,两极板相对介电常数 $\varepsilon_r =$ 50 μF/mm,两极板几何尺寸一样,为 50 mm×20 mm×5 mm,在外力作用下,动极板在原位置上向外移动了 10 mm,试求电容的变化量 ΔC 和灵敏度 S(真空介电常数为 8.854×10^{-12} F/m)。

项目七 霍尔式传感器

① 掌握霍尔式传感器的结构及工作原理。

② 了解霍尔式传感器的设计方法。

③ 掌握常见霍尔式传感器的应用方法。

通过对霍尔式传感器原理的学习,在掌握实操技能的基础上,实现用霍尔式传感器对相关参数的测量。

在 THSRZ-2 型传感器实操台上按照要求进行操作,进行霍尔式传感器实操训练。

知识描述

1879 年美国物理学家霍尔发现了霍尔效应,但由于金属材料中的霍尔效应太弱,没有得到应用。随着半导体材料的出现,人们发现在半导体中霍尔效应十分显著,因而霍尔效应得到了应用和发展。霍尔式传感器是基于霍尔效应的一种传感器,能够将被测量转换为电动势。霍尔式传感器结构简单、体积小、寿命长、线性好、频带宽,因此被广泛应用于电流、磁场、位移、转速、振动、压力等物理量的测量中。

一、霍尔式传感器原理

1. 霍尔效应

置于磁场中的静止载流导体或半导体,当通过它的电流方向与磁场方向不一致时,载流导体或半导体上平行于电流和磁场方向的两个面之间产生电动势,这种现象称为霍尔效应,产生的电动势称为霍尔电势,该导体或半导体称为霍尔元件。

霍尔效应原理如图 7-1 所示,当电流 I 流过霍尔元件时,形成电流的载流子为电子,那么电子与电流 I 的流

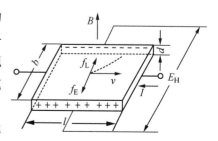

图 7-1 霍尔效应原理图

动方向相反。电子的平均速度为 v,在磁场 B 中运动的电子受到的洛伦兹力 f_L 为

$$f_L = evB \qquad (7\text{-}1)$$

式中:$e = 1.602 \times 10^{-19} C$ 为电子所带电荷量;v 为电子的平均速度;B 为磁感应强度。

运动的电子在洛伦兹力 f_L 的作用下,运动方向偏转至霍尔元件的一侧,在垂直于电流的方向产生电荷积累,形成霍尔电场 E_H。该电场对运动的电子产生的电场力 f_E 为

$$f_E = eE_H = e\frac{U_H}{b} \qquad (7\text{-}2)$$

式中:U_H 为霍尔电势;b 为霍尔元件的宽度。

当 $f_L = f_E$ 时,达到动态平衡,则有

$$evB = e\frac{U_H}{b} \qquad (7\text{-}3)$$

电流密度为 $j = nev$,那么电流 I 为

$$I = jbd = nevbd \qquad (7\text{-}4)$$

由此可得,霍尔电势 U_H 为

$$U_H = \frac{IB}{ned} = R_H \frac{IB}{d} = K_H IB \qquad (7\text{-}5)$$

式中:d 为霍尔元件厚度;n 为电子浓度;$R_H = \dfrac{1}{ne}$ 为霍尔系数;$K_H = \dfrac{1}{ned}$ 为霍尔灵敏度。

由式(7-5)可知,若电流为恒定值,霍尔电压与磁感应强度成正比,磁感应强度改变方向时,霍尔电压也改变符号。因此,霍尔器件可以作为测量磁场大小和方向的传感器。

2. 霍尔元件的材料与结构

霍尔电势 U_H 与载流子的运动速度 v 有关,而 v 与载流子的迁移率 μ 有关。由于 $\mu = v/E$(E 为电流方向上的电场强度),霍尔元件材料的电阻率为 $\rho = \dfrac{1}{ne\mu}$,所以霍尔系数与载流体材料的电阻率 ρ 和载流子迁移率 μ 的关系为

$$R_H = \rho\mu \qquad (7\text{-}6)$$

为了得到较大的霍尔电压,须选择电阻率 ρ 和载流子迁移率 μ 都大的材料。金属导体的载流子迁移率很大,但其电阻率低;绝缘体电阻率很高,但其载流子迁移率低。因此,金属导体和绝缘体都不适合作霍尔元件材料,只有半导体的电阻率和载流子迁移率适中,可以作霍尔元件的材料。

霍尔元件的外形如图 7-2(a)所示,霍尔元件由霍尔片、引线和壳体组成。其结构如图 7-2(b)所示,图中 a、b 两根引线外加激励电压或电流,称为控制电流端引线,通常为红色导线;c、d 两根引线为霍尔输出端引线,称为霍尔电极,通常为绿色导线。霍尔元件的壳体是用非导磁金属、陶瓷或环氧树脂封装而成的。

（a）外形   （b）结构

图 7-2 霍尔元件

霍尔电极在基片上的位置及其宽度对霍尔电势 U_H 的数值影响很大,通常霍尔电极焊接在基片的中间位置,其宽度应远小于基片的宽度。

二、霍尔元件的主要特性参数

1. 额定励磁电流 I_C

霍尔元件因通控制电流而发热,使在空气中的霍尔元件产生允许温升 $\Delta T = 10\ ℃$ 的控制电流,称为额定励磁电流 I_C。元件允许最大温升限制所对应的电流,称为最大允许激励电流 I_{CM}。当 $I > I_{CM}$,霍尔元件温升大于允许温升,元件特性将变坏。限制 I_{CM} 的主要因素是元件的散热情况,I_{CM} 还与元件所用材料和尺寸有关。

2. 输入电阻和输出电阻

当霍尔元件所处环境温度为 $(20 \pm 5)\ ℃$ 时,霍尔元件控制电流极间的电阻称为输入电阻 R_i;霍尔电极间电阻称为输出电阻 R_o。输入电阻和输出电阻阻值约为几十欧姆到几百欧姆,而且一般输入电阻大于输出电阻,但两者相差不太大,使用时应注意。

3. 不等位电势和不等位电阻

霍尔元件在额定励磁电流 I_C 作用下,外加磁场为零时,其空载霍尔电势应该是零,但实际不为零的电势称为不等位电势 U_o。U_o 产生的原因主要是两个电极不在同一等位面上、材料电阻率不均匀以及焊接工艺不好等。不等位电势 U_o 可以用输出的电压表示,也可以用不等位电阻 R_o 表示:

$$U_o = R_o I_C \tag{7-7}$$

不等位电势就是励磁电流流过不等位电阻产生的电压,一般好的霍尔元件 $U_o < 10\ mV$。

4. 灵敏度 K_H

在单位磁感应强度 B 下,通以单位励磁电流 I_C 所产生的开路霍尔电压称为灵敏度 K_H,有

$$K_H = \frac{R_H}{d} \tag{7-8}$$

式中:d 为霍尔元件厚度;R_H 为霍尔系数。

灵敏度 K_H 反映了霍尔元件本身的磁电转换能力,通常希望灵敏度越大越好。

5. 霍尔电势温度系数 α

在一定的磁感应强度 B 和励磁电流 I_C 作用下,温度每变化 1 ℃ 时霍尔电势变化的百分

率称为霍尔电势温度系数 α。这一参数对测量仪器十分重要,仪器要求精度高时,要选择 α 值小的元件,必要时还要加温度补偿电路。

6. 霍尔电压温度系数 β

温度每变化 1 ℃,霍尔元件输入电阻或输出电阻的相对变化率称为电阻温度系数,用 β 表示。

7. 寄生直流电势 U_{oD}

外加磁场为零时,交流励磁电流通过霍尔元件在霍尔电极上产生的直流电势称为寄生直流电势 U_{oD}。U_{oD} 产生的主要原因是激励电极和霍尔电极接触不良以及霍尔电极大小不对称等。

三、基本误差和补偿

由于制造材料、工艺问题以及环境温度变化等因素的影响,霍尔元件的很多参数如输入电阻、输出电阻和灵敏度等都会发生变化,从而引起测量误差。霍尔元件的测量误差主要有温度误差和零位误差,为了提高测量精度,使用时要加以补偿。

1. 温度补偿

霍尔元件的温度特性是指元件的内阻及其输出与温度之间的关系。与一般半导体一样,由于电阻率、迁移率以及载流子浓度随温度变化,因此霍尔元件的内阻、输出电压等参数也随温度变化。不同材料的内阻及霍尔电压与温度的关系曲线如图 7-3 和图 7-4 所示。

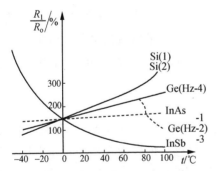

图 7-3　霍尔内阻与温度的关系曲线图

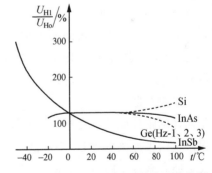

图 7-4　霍尔电压与温度的关系曲线图

图 7-3 所示为各种不同材料的霍尔内阻与温度的关系。由图可知,锑化铟对温度最敏感,其温度系数最大(特别在低温区);其次是硅,再次是锗,而砷化铟的温度系数最小。

图 7-4 所示为各种不同材料的霍尔输出电压随温度变化的情况,由图可知,锑化铟的变化最显著,硅的霍尔电压温度系数最小,其次是砷化铟和锗。

（1）恒流源温度补偿法

当环境温度变化时,输入电阻 R_i 随之变化,输入电阻又会影响流过它的励磁电流 I_C,由公式 $U_H = K_H I_C B$ 可知,霍尔电压也发生变化。为补偿 I_C 和 K_H 随温度的变化,测量装置采用恒流源供电,并在输入端并联电阻 R,进行温度补偿,如图 7-5 所示。恒流源供电使得总电流 I 保持不变,可以减少随输入电阻变化而引起的励磁电流的变化。

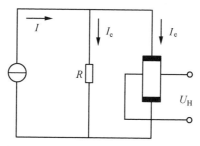

图 7-5   恒流源温度补偿法

若霍尔元件输入电阻为 R_i,当并联电阻满足 $R=\dfrac{R_i(\beta-\alpha)}{\alpha}$($\alpha$、$\beta$ 分别为霍尔电势温度系数和输入电阻温度系数)时,可以进一步提高霍尔电压 U_H 对于温度的稳定性。

(2) 合理选择负载电阻

使用霍尔元件时,输出端必须接负载电阻 R_L,因此,负载电阻 R_L 上的电压为

$$U_L=\frac{U_{Ht}}{R_L+R_{ot}}=\frac{U_{H0}\left[1+\alpha(t-t_0)\right]}{R_{o0}\left[1+\beta(t-t_0)\right]+R_L}R_L \tag{7-9}$$

式中:R_{o0} 为温度 t_0 时的输出电阻;U_{H0} 为霍尔元件在温度 t_0 时的电压。

为了使负载电压不随温度变化而变化,令 $\dfrac{dU_L}{dt}=0$,可得

$$R_L=R_{o0}\left(\frac{\beta}{\alpha}-1\right) \tag{7-10}$$

只要选取适当的 R_L 值,满足式(7-10)中 α、β 和 R_{o0} 的关系,就可以实现对温度造成的误差进行补偿的目的。霍尔电极间的负载通常是放大器、显示器或记录仪等测量仪器的输入电阻,其阻抗值是一定的,但可用串、并联其他电阻的方法调整 R_L 的电阻值,此方法的缺点是传感器的灵敏度将相应有所降低。

2. 零位误差补偿

霍尔元件的零位误差主要包括由不等位电势 U_o 和寄生直流电势 U_{oD} 等引起的误差,其中主要误差是由不等位电势 U_o 引起的。产生不等位电势的原因是两个霍尔电极安装位置不对称或不能完全位于同一等电位面上。此外,半导体材料电阻率不均匀、片厚薄不均匀或励磁电极接触不良等,都将使两个霍尔电极不在同一等电位面上而产生不等位电势。

完全消除不等位电势是不可能的,通常采用补偿电路加以补偿。不等位电势可以用不等位电阻表示,将霍尔元件等效为一个四臂电桥,通过电桥平衡方法消除不等位电阻的作用。霍尔元件共有四个电极,两两相邻电极之间相当于有一个电阻,即 R_1、R_2、R_3、R_4。当两霍尔电极在同一等位面上时,$R_1=R_2=R_3=R_4$,则电桥平衡,不等位电势 $U_o=0$;当两电极不在同一等位面上时,则不等位电势 $U_o\neq0$。不等位电势补偿的电桥有很多种,如图 7-6(a)所示,调控 R_p 都可使 $U_o=0$。图 7-6(b)中两种补偿方式是对称电路,当温度变化时,补偿的稳定性更好一些。

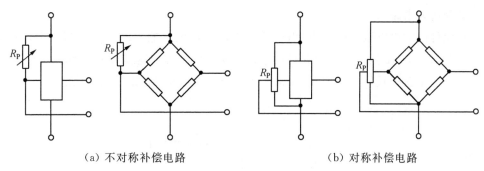

（a）不对称补偿电路　　　　（b）对称补偿电路

图7-6　不等位电势补偿电路

四、霍尔元件测量电路

1. 基本电路

霍尔组件应用的基本电路如图7-7所示,电源提供控制电流,R 为调节电阻,用以根据要求调节控制电流的大小。霍尔电势输出端的负载电阻 R_L 可以是放大器的输入电阻或表头内阻等,所施加的外磁场 B 一般与霍尔元件垂直。在磁场与控制电流的作用下,负载上就有电压输出。霍尔效应的建立时间很短(约 $10^{-14} \sim 10^{-12}$ s),当控制电流为交流时,频率可以很高。

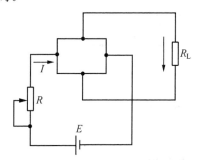

图7-7　霍尔组件应用的基本电路

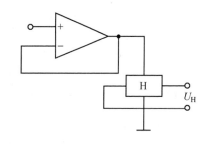

图7-8　霍尔组件的恒压供电电路

在实际应用中,霍尔元件常用到如图7-8至图7-11所示的电路,其特性与基本电路不一样,要根据实际用途来选择。

2. 恒压电路

霍尔组件的恒压供电电路如图7-8所示。由于霍尔元件输入电阻受温度变化以及磁阻效应的影响,恒压条件下电路的工作性能不太好(比恒流条件下工作的性能要差一些),因此,恒压供电电路只适用于精度要求不太高的场合。

3. 恒流电路

霍尔组件的恒流供电电路如图7-9所示。温度变化会引起霍尔元件的输入电阻发生变化,从而使控制电流发生变化,进而产生误差,采用恒流源供电可以减小这种误差。在恒流条件下工作,没有霍尔元件输入电阻和磁阻效应的影响,但偏移电压的稳定性比恒压条件下工作时差一些。

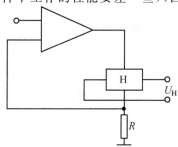

图7-9　霍尔组件的恒流供电电路

4. 差分放大电路

霍尔元件的输出电压一般较小,需要用放大电路放大其输出电压。使用一个运算放大器时的电路如图 7-10 所示。霍尔元件的输出电阻可能会大于运算放大器的输入电阻,从而产生误差。为了获得较好的放大效果,常采用差分放大电路,如图 7-11 所示。

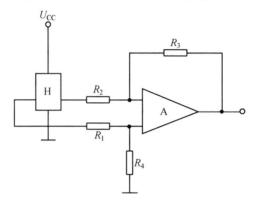

图 7-10 使用一个运算放大器的电路

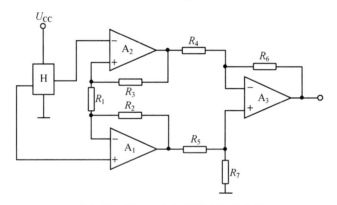

图 7-11 使用三个运算放大器的电路

五、霍尔集成传感器

利用集成技术,将霍尔敏感元件、放大器、温度补偿电路及稳压电源等集成于一个芯片上可构成独立器件——霍尔集成传感器。霍尔集成传感器不仅尺寸紧凑,便于使用,而且有利于减小误差,提高稳定性。根据内部测量电路和霍尔元件工作条件的不同,霍尔集成传感器可分为线性霍尔集成传感器和开关霍尔集成传感器。

1. 线性霍尔集成传感器

线性霍尔集成传感器的输出电压与外加磁场强度在一定范围内呈线性关系,被广泛用于位置、力、重量、厚度、速度、磁场、电流等的测量和控制。此种传感器有单端输出和双端输出(差动输出)两种电路,如图 7-12 所示,双端输出特性曲线如图 7-13 所示。

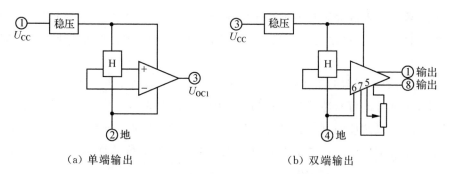

（a）单端输出　　　　　　　　（b）双端输出

图 7-12　线性霍尔集成传感器的结构图

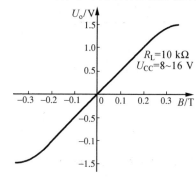

图 7-13　双端输出特性曲线

图 7-13 是具有双端差动输出特性的线性霍尔集成传感器的输出特性曲线。当磁场为零时，它的输出电压等于零；当感受的磁场为正向（磁钢的 S 极对准霍尔器件的正面）时，输出为正；磁场反向时，输出为负。

2. 开关霍尔集成传感器

开关霍尔集成传感器由霍尔元件、放大器、施密特整形电路和开关输出等部分组成，其内部结构框图如图 7-14 所示。

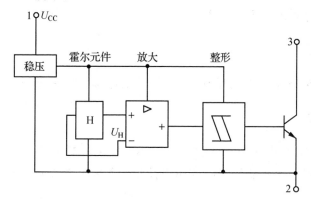

图 7-14　开关霍尔集成传感器内部结构框图

当有磁场作用在开关霍尔集成传感器上时，根据霍尔效应，霍尔元件输出霍尔电势，该电压经放大器放大后，送至施密特整形电路。当放大后的霍尔电势大于开启阈值时，施密特电路翻转，输出高电平，使晶体管导通，整个电路处于开状态。当磁场减弱时，霍尔元件输出的电压很小,经放大器放大后其值仍小于施密特的关闭阈值时,施密特整形器又翻转,输出低电平,使晶体管截止,电路处于关状态。这样,一次磁场强度的变化就使传感器完成一次开关动作。

开关霍尔集成传感器的工作特性如图 7-15 所示。从工作曲线上看,工作特性有一定的磁滞,这对开关动作的可靠性是非常有利的。图 7-15 中的 B_{OP} 为工作点开的磁感应强度, B_{RP} 为释放点关的磁感应强度。当外加磁感应强度大于 B_{OP} 时,输出电平由高变低,传感器处于开状态;当外加磁感应强度小于 B_{RP} 时,输出电平由低变高,传感器处于关状态。

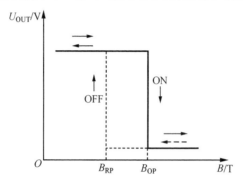

图 7-15 开关霍尔集成传感器的工作特性

项目实施

实操一 直流激励时霍尔式传感器的位移特性实操

一、实操目的

了解霍尔式传感器的原理与应用。

二、实操仪器

霍尔式传感器模块、霍尔式传感器、测微头、直流电源、数显电压表。

三、实操原理

根据霍尔效应,霍尔电势 $U_H = K_H IB$,其中 K_H 为灵敏度系数,由霍尔材料的物理性质决定。当通过霍尔组件的电流 I 一定,霍尔组件在一个梯度磁场中运动时,就可以利用该公式进行位移测量。

四、实操内容与步骤

① 将霍尔式传感器安装到霍尔式传感器模块上,传感器引线接至霍尔式传感器模块的 9 芯航空插座,按图 7-16 接线。

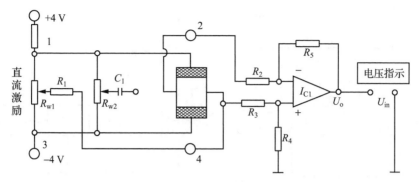

图 7-16　霍尔式传感器直流激励接线图

② 开启电源,直流数显电压表选择"2 V"挡,将测微头的起始位置调到"10 mm"处,手动调节测微头的位置,先使霍尔片大概在磁钢的中间位置(数显表大致为 0),固定测微头,再调节 R_{w1} 使数显表显示为零。

③ 分别向左、右两个方向旋动测微头,每隔 0.2 mm 记录一个读数,直到读数近似不变,将读数填入表 7-1 中。

表 7-1　数据记录

X/mm														
U/mV														

五、实操报告

作出 U-X 曲线,计算不同线性范围内的灵敏度和非线性误差。

实操二　交流激励时霍尔式传感器的位移特性实操

一、实操目的

了解交流激励时霍尔式传感器的特性。

二、实操仪器

霍尔式传感器模块、移相相敏检波模块、霍尔式传感器、测微头、直流电源、数显电压表。

三、实操原理

交流激励时霍尔式传感器的基本工作原理与直流激励时一样,不同之处是测量电路。

四、实操内容与步骤

① 将霍尔式传感器安装到霍尔式传感器实操模块上,接线如图 7-17 所示。

② 调节振荡器的音频调频和音频调幅旋钮,使音频振荡器的"0°"输出端输出频率为 1 kHz、$V_{p\text{-}p}=4$ V 的正弦波(注意:峰-峰值不应过大,否则可能烧毁霍尔组件)。

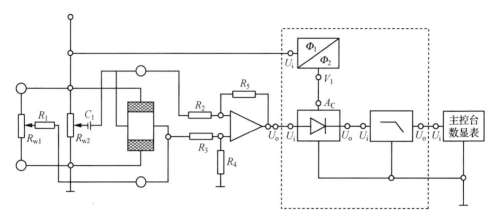

图 7-17   霍尔式传感器位移特性接线图

③ 开启电源,直流数显电压表选择"2 V"挡,将测微头的起始位置调到"10 mm"处,手动调节测微头的位置,使霍尔片大概在磁钢的中间位置(数显表大致为 0),固定测微头,再调节 R_{w1}、R_{w2},用示波器检测使霍尔式传感器模块输出 U_o 为一条直线。

④ 移动测微头,使霍尔式传感器模块有较大输出,调节移相器旋钮,使检波器输出为一全波。

⑤ 退回测微头,使数字电压表显示为 0,以此作为 0 点,每隔 0.2 mm 记录一个读数,直到读数近似不变,将读数填入表 7-2 中。

表 7-2   数据记录

X/mm													
U/mV													

五、实操报告

作出 U-X 曲线,计算不同线性范围内的灵敏度和非线性误差。

实操三   霍尔式传感器的应用——电子秤实操

一、实操目的

了解霍尔式传感器组成简易电子秤系统的原理和方法。

二、实操仪器

霍尔式传感器模块、霍尔式传感器、振动源、直流稳压电源。

三、实操原理

这里采用直流电源激励霍尔组件,原理参照直流激励时霍尔式传感器的位移特性实操(实操一)。

四、实操内容与步骤

① 将霍尔式传感器安装在振动平台上,传感器引线接到霍尔式传感器模块的9芯航空插座上,按图7-18接线。

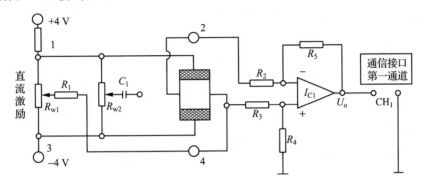

图7-18 霍尔式传感器电子秤接线图

② 将直流电源接入传感器实操模块,打开实操台电源,在双平衡梁处于自由状态时,将系统输出电压调节为零,输出接电压表"2 V挡"。

③ 将砝码依次放在振动平台上,砝码靠近振动平台边缘,后一个砝码叠在前一个砝码上。

④ 将所称砝码质量与输出电压值记入表7-3中。

表7-3 数据记录

W/g											
U_o/V											

五、实操报告

根据实操记录的数据,作出 U_o-W 曲线,并在取走砝码后在平台上放一质量未知的物品,根据曲线坐标值大致求出此物品的质量。

实操四 霍尔式传感器振动测量实操

一、实操目的

了解霍尔组件的应用——测量振动。

二、实操仪器

霍尔式传感器模块、霍尔式传感器、振动源、直流稳压电源、通信接口。

三、实操原理

这里采用直流电源激励霍尔组件,原理参照直流激励时霍尔式传感器的位移特性实操

（实操一）。

四、实操内容与步骤

① 将霍尔式传感器安装在振动平台上，传感器引线接到霍尔式传感器模块的 9 芯航空插座上，按图 7-19 接线，打开实操台电源。

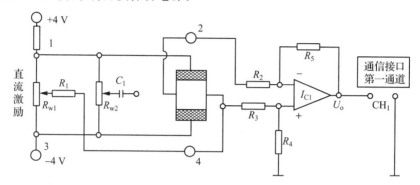

图 7-19　霍尔式传感器振动测量接线图

② 保持振荡器"低频输出"的幅度旋钮不变，改变振动频率（用数显频率计监测），用示波器测量输出 V_{p-p}，填入表 7-4 中。

表 7-4　数据记录

振动频率 f/Hz	5	6	7	8	9	10	11	12	13	14	15	18	20	22	24	26	30
V_{p-p}/V																	

五、实操报告

分析霍尔式传感器测量振动的波形，作出 f-V_{p-p} 曲线，找出振动源的固有频率。

实操五　霍尔式传感器转速测量实操

一、实操目的

了解霍尔组件的应用——测量转速。

二、实操仪器

霍尔式传感器，+5 V、+4 V、±6 V、±8 V、±10 V 直流电源，转动源，频率/转速表。

三、实操原理

利用霍尔效应表达式 $U_H = K_H IB$，当被测圆盘上装上 N 只磁性体时，转盘每转一周磁场变化 N 次，每转一周霍尔电势就随频率相应变化，根据通过放大、整形和计数电路输出的电势就可以得出被测旋转物体的转速。

四、实操内容与步骤

① 根据图 7-20 进行安装,霍尔式传感器已安装于传感器支架上,且霍尔组件正对着转盘上的磁钢。

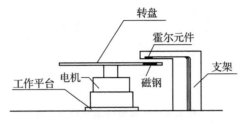

图 7-20 霍尔式传感器安装示意图

② 将+5 V 电源接到三源板上"霍尔"输出的电源端,"霍尔"输出接到频率/转速表(切换到测转速位置)。

③ 打开实操台电源,选择+4 V、+6 V、+8 V、+10 V、12 V(±6 V)、16 V(±8 V)、20 V(±10 V)、24 V 不同电源驱动转动源,可以观察到转动源转速的变化,待转速稳定后将相应驱动电压下得到的转速值记入表 7-3 中。也可用示波器观测霍尔元件输出的脉冲波形。

表 7-3 数据记录

电压/V	+4	+6	+8	+10	12	16	20	24
转速/rpm								

五、实操报告

① 分析霍尔组件产生脉冲的原理。
② 根据记录的驱动电压和转速,作出电压-转速曲线。

项目拓展

一、霍尔式微位移传感器

当控制电流恒定时,霍尔电势 U_H 与磁感应强度 B 成正比,若在磁场中霍尔组件的磁感应强度 B 是位置的函数,则霍尔电势的大小就可以用来反映霍尔组件的位置,如图 7-21 所示。磁场在一定范围内沿 x 方向的变化 $\dfrac{dB}{dx}$ 为常数,因此组件沿 x 方向移动时,霍尔电势的变化为

$$\frac{dU_H}{dx} = k_H I \frac{dB}{dx} = K \tag{7-11}$$

式中:$K = k_H I \dfrac{dB}{dx}$ 为位移传感器灵敏度。

由式(7-11)可得 $U_H = Kx$，这表明霍尔电势与位移成正比，传感器的灵敏度 K 取决于磁场的梯度，梯度越大灵敏度越高。

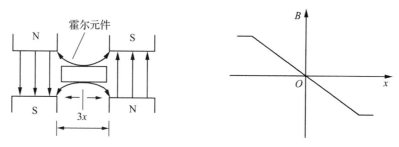

图 7-21 霍尔式微位移传感器原理及其特性曲线

如果将霍尔式传感器设置在相应装置上，还可用于其他相关量的测量。

二、霍尔式压力传感器

如图 7-22 所示，霍尔式传感器可用于压力检测。霍尔式传感器由两个部分组成：一部分是弹性组件，用来感受压力，并将压力转换为位移量；另一部分是霍尔器件和磁系统。通常将霍尔器件固定在弹性组件上，当弹性组件产生位移时，将带动霍尔器件在具有均匀梯度的磁场中移动，从而产生霍尔电势，完成将压力转换为电量的任务。

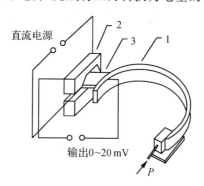

1—弹簧；2—磁铁；3—霍尔片

图 7-22 霍尔式传感器用于压力检测

三、霍尔式加速度传感器

如图 7-23 所示，霍尔式传感器可用于加速度测量。壳体上固定均质弹簧片，在弹簧片的中部装有惯性块 M，其末端固定测量位移的霍尔器件。在霍尔器件的上下方装有一对永久磁铁，它们的磁极性相对安装（N—N）。壳体固定在被测对象上，当它与被测对象一起做垂直向上的加速运动时，惯性块 M 在惯性力的作用下，使霍尔器件 H 产生一个相对于壳体的位移，进而产生霍尔电势，由霍尔电势值就可以求得加速度。

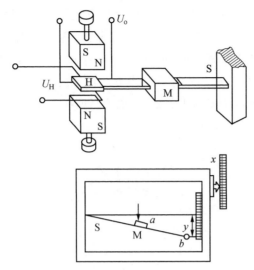

图 7-23　霍尔式传感器用于加速度测量

四、霍尔式转速传感器

霍尔式传感器测量转速的原理是,在被测转速的主轴上,安装一个非金属圆形薄片,将磁铁嵌在薄片圆周上,主轴转动一周,霍尔传感器输出一个检测信号。当磁钢与霍尔器件重合时,霍尔传感器输出低电平;当磁钢离开霍尔器件时,输出高电平。信号可经非门(或施密特触发器)整形后形成脉冲,只要对此脉冲信号计数就可以测得转速。为了提高转速测量的分辨率,可增加薄片圆周上磁钢的个数。

图 7-24 所示为几种不同结构的霍尔式转速传感器。磁性转盘的输入轴与被测转轴相连,当被测转轴转动时,磁性转盘随之转动,固定在磁性转盘附近的霍尔式传感器便可在每一个小磁铁通过时产生一个相应的脉冲,检测出单位时间内的脉冲数便可知被测转速。磁性转盘上小磁铁数目的多少决定了传感器测量转速的分辨率。

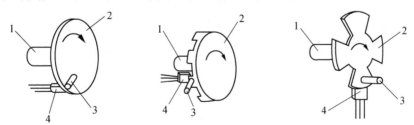

1—输入轴;2—转盘;3—小磁铁;4—霍尔式传感器

图 7-24　几种霍尔式转速传感器的结构

五、霍尔式电流传感器

霍尔式传感器广泛用于测量电流,可以制成电流过载检测器或过载保护装置;在电机控制驱动中,作为电流反馈元件,构成电流反馈回路或电流表。

霍尔式电流传感器原理如图 7-25 所示。标准软磁材料圆环中心直径为 40 mm,截面积为 4 mm×4 mm(方形)。圆环上有一缺口,放入集成霍尔元件。圆环上绕有一定匝数的线圈,通过检测电流可产生磁场,则霍尔器件有信号输出。根据磁路理论,可以算出:当线圈为 7 匝、电流为 20 A 时,可产生磁场强度为 0.1 T 的磁场。若集成霍尔元件的灵敏度为 14 mV/mT,则电流强度在 0~20 A 范围内,其输出电压变化为 1.4 V;当线圈为 11 匝、电流为 50 A 时,可产生磁场强度为 0.3 T 的磁场,电流强度在 0~50 A 范围内,其输出电压变化为 4.2 V。

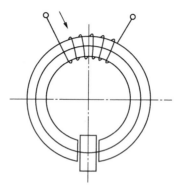

图 7-25　霍尔式电流传感器原理

 练习题

1. 什么是霍尔效应?霍尔电压是如何产生的?
2. 为什么导体材料和绝缘材料均不宜做成霍尔元件?
3. 霍尔元件的灵敏度与什么有关?
4. 什么是霍尔元件的温度特性?如何进行补偿?
5. 解释霍尔交直流钳形表的工作原理。
6. 某霍尔电流变送器的额定匝数比为 1/1 000,额定电流值为 100 A,被测电流母线直接穿过铁芯,测得二次侧电流为 0.05 A,则被测电流为多少?

项目八 热电式传感器

① 掌握热电式传感器的结构及工作原理。

② 了解热电式传感器的设计方法。

③ 掌握常见热电式传感器的应用方法。

技能目标

通过对热电式传感器原理的学习,在掌握实操技能的基础上,实现用热电式传感器对相关参数的测量。

项目描述

在 THSRZ-2 型传感器实操台上按照要求进行操作,进行热电式传感器实操训练。

知识描述

热电式传感器是一种将温度变化转换为电量变化的传感器,其中将温度量转换为电势量的称为热电偶传感器。热电偶传感器具有结构简单、使用方便、精度高、热惯性小,可测局部温度和输出信号,便于远程传送等优点,因而应用非常广泛。

一、热电偶的工作原理

1. 热电效应

将两种不同导体或半导体 A 与 B 串接成一闭合回路,如图 8-1 所示,若两接点存在温差($T-T_0\neq0$),则在回路中有电动势产生,形成回路电流,该现象称为热电效应或塞贝克(Seebeck)效应。回路中的电动势称为热电势,用 $E_{AB}(T,T_0)$ 表示,其中,A 和 B 称为热电极,T 称为热端或工作端,T_0 称为冷端、自由端或参考端。热电势 $E_{AB}(T,T_0)$ 是由两种材料的接触电势和单一材料的温差电势所组成的。

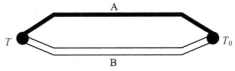

图 8-1　热电偶回路

（1）接触电势

当两种电子密度不同的金属 A 和 B 接触在一起时,在两金属接触处会产生自由电子的扩散现象。电子将从密度大的金属 A 扩散到密度小的金属 B 中去,使得金属 A 失去电子带正电,金属 B 得到电子带负电,从而在接点处形成一个电场。此电场又阻止电子扩散,当电场作用和扩散作用动态平衡时,在两种不同金属的接触处就形成一个电位差,称为接触电势或帕尔贴电势。

热端接触电势为

$$E_{AB}(T) = \frac{kT}{e}\ln\frac{n_A}{n_B} \qquad (8\text{-}1)$$

冷端接触电势为

$$E_{AB}(T_0) = \frac{kT_0}{e}\ln\frac{n_A}{n_B} \qquad (8\text{-}2)$$

式(8-1)和式(8-2)中:$k = 1.38 \times 10^{-23}$ J/K 为波尔兹曼常数;$e = 1.602 \times 10^{-19}$ C 为电子所带电荷量;n_A、n_B 分别为金属 A 和 B 的自由电子密度。

回路中的总接触电势为

$$E_{AB}(T) - E_{AB}(T_0) = \frac{k}{e}(T - T_0)\ln\frac{n_A}{n_B} \qquad (8\text{-}3)$$

由式(8-3)可知,热电偶回路中的总接触电势由两个接点的温度差和两种金属自身的特性决定。

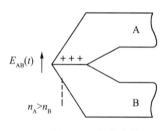

图 8-2　接触电势

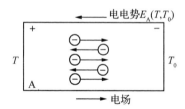

图 8-3　温差电势

（2）温差电动势

对同一根均质的金属导体,若两端所处温度不同,则在两端也会产生电动势,这种电势称为单一导体的温差电势,也称汤姆孙电势,如图 8-3 所示。设某一导体两端温度分别为 T、T_0(设 $T > T_0$),温度高的一端自由电子具有较大能量,从而 T 端的自由电子向 T_0 端扩散,使得热端失去电子带正电,冷端得到电子带负电,导体的两端形成一个由热端指向冷端的电场,该电场阻止自由电子扩散,最终达到动态平衡。

导体 A 中的温差电势为

$$E_A(T - T_0) = \int_{T_0}^{T} \sigma_A \mathrm{d}T \qquad (8\text{-}4)$$

导体 B 中的温差电势为

$$E_B(T - T_0) = \int_{T_0}^{T} \sigma_B \mathrm{d}T \qquad (8\text{-}5)$$

式中：σ_A、σ_B 分别为 A 和 B 两种导体的汤姆孙系数,表示温差为 1 ℃时产生的电势值。

回路中的总温差电势为

$$E_A(T-T_0)-E_B(T-T_0)=\int_{T_0}^{T}(\sigma_A-\sigma_B)\mathrm{d}T \tag{8-6}$$

由式(8-6)可知,热电偶回路中的总温差电势只与热电极的材料和接触点的温度有关。

（3）总热电势

金属材料 A 和 B 构成的热电偶回路中,热端温度为 T,冷端温度为 T_0,且 $T>T_0$,热电偶回路中形成接触电势和温差电势,如图 8-4 所示,那么回路中的总热电势为

$$E_{AB}(T,T_0)=[E_{AB}(T)-E_{AB}(T_0)]+[E_A(T-T_0)-E_B(T-T_0)]$$
$$=\frac{k}{e}(T-T_0)\ln\frac{n_A}{n_B}+\int_{T_0}^{T}(\sigma_A-\sigma_B)\mathrm{d}T \tag{8-7}$$

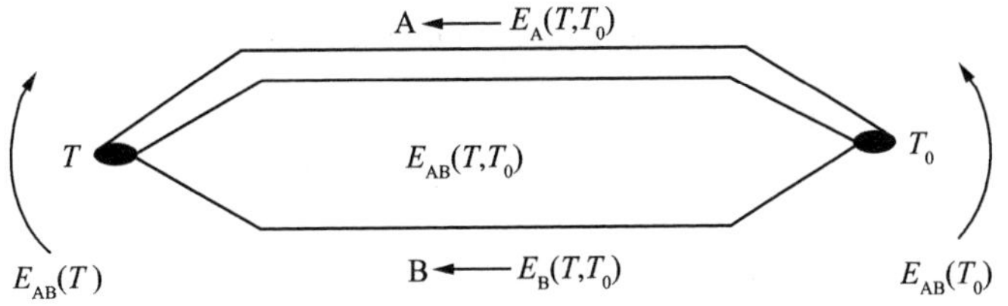

图 8-4 热电偶总电势

由式(8-7)可知,当导体材料确定后,热电势的大小只与热电偶两端的温度有关。若冷端温度为定值,则回路热电势就只与温度 T 有关,而且是 T 的单值函数。因此,只要测得热电势的大小,就可以知道被测温度 T 的值,这就是热电偶测温的原理。

由此可得以下结论：

① 热电偶回路热电势只与组成热电偶的材料及两端温度有关,与热电偶的直径、长度、形状、两导体接触面以及沿热电极长度方向上的温度分布无关。

② 只有用不同性质的导体（或半导体）才能组合成热电偶,否则热电势为零。

③ 只有当热电偶两端温度不同,热电偶的两导体材料不同时才能有热电势产生。

2. 热电偶基本定律

（1）均质导体定律

如果热电偶的两个电极是由同一种均质材料组成的,那么无论两接点的温度如何,热电偶中都不会产生热电势。对于由两种均质材料组成的热电偶,其热电势大小与热电极的直径、长度及沿热电极长度方向上的温度分布无关,只与热电极的材料和两端温度有关。如果材质不均匀,那么当沿热电极长度方向分布的各处温度不同时,将产生附加热电势,测温时将造成无法估计的测量误差,因此,热电极材料的均匀性是衡量热电偶的重要指标之一。

（2）中间导体定律

在热电偶回路中插入第三种（或多种）均质材料,只要所插入的材料两端接点温度相同,则原回路热电势保持不变。

根据这一定律,可以在热电偶测温回路中通过导线接入测量仪表,且不影响测量精度。

如图 8-5 所示,在热电偶两个电极 A 和 B 之间接入第三种材料 C,只要保证 C 与 A、B 两个连接端的温度相等,则回路中的热电势保持不变,不受 C 的影响。

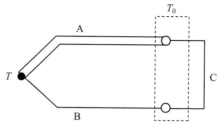

图 8-5　中间导体定律

（3）中间温度定律

如图 8-6 所示,在热电偶回路中,若热电偶 A、B 分别与导线 A′、B′连接,接点温度分别为 T、T_n、T_0,那么回路的总热电势等于热电偶的热电势 $E_{AB}(T, T_n)$ 与连接导线 A′、B′热电势 $E_{A'B'}(T_n, T_0)$ 的代数和,即

$$E_{ABA'B'}(T, T_n, T_0) = E_{AB}(T, T_n) + E_{A'B'}(T_n, T_0) \tag{8-8}$$

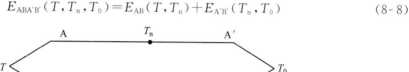

图 8-6　中间温度定律

当 A′与 A、B′与 B 材料分别相同且接点温度分别为 T、T_n、T_0 时,根据连接导体定律可得该回路的热电势

$$E_{AB}(T, T_n, T_0) = E_{AB}(T, T_n) + E_{AB}(T_n, T_0) \tag{8-9}$$

由式(8-9)可知,热电偶在三个接点温度为 T、T_n、T_0 时的热电势 $E_{AB}(T, T_0)$ 等于热电偶在 (T, T_n)、(T_n, T_0) 时相应的热电势 $E_{AB}(T, T_n)$ 与 $E_{AB}(T_n, T_0)$ 的代数和,这就是中间温度定律。其中,T_n 称为中间温度。

中间温度定律是参考端温度计算修正法的理论依据。在实际的热电偶的测温回路中,利用热电偶的这一性质,可对参考端温度不为 0 ℃的热电势进行修正。热电偶分度表是在参考端温度为 0 ℃时,热端温度与热电势之间的对照表。根据分度表可以求出冷端为任意温度 T_0 的热电偶的热电势,即

$$E_{AB}(T, T_0) = E_{AB}(T, 0) + E_{AB}(0, T_0) \tag{8-10}$$

二、热电偶的类型与结构

根据热电效应,理论上任意两种不同材料的导体都可以制成热电偶,但实际上,用作热电极的材料一般应满足以下几个要求：

① 在规定的温度测量范围内,热电势与温度之间最好呈线性或是近似线性的单值函数关系,同样的温差条件下产生的热电势越大越好。

② 热电极具有较宽的温度范围,应用时热电性能、化学及物理性能都比较稳定。

③ 电阻温度系数小,电导率高。

④ 易于复制,工业性和互换性好,材料要有一定的韧性以便于制作等。

常用热电偶可分为标准热电偶和非标准热电偶两大类。所谓标准热电偶,是指国家标准规定了其热电势与温度的关系、允许误差并有统一的标准分度表的热电偶,它有与其配套的显示仪表可供选用。非标准热电偶在使用范围或数量级上均不及标准热电偶,一般也没有统一的分度表,主要用于在某些特殊场合进行相关测量。

1. 标准热电偶

我国从 1988 年 1 月 1 日起,热电偶和热电阻全部按 IEC 国际标准生产,并指定 S、B、E、K、J、T(即分度号)六种标准热电偶为我国统一设计型热电偶。

(1)铂铑$_{10}$-铂热电偶(S 型热电偶)

铂铑$_{10}$-铂热电偶为贵金属热电偶。其直径规定为 0~5 mm,允许偏差−0.015 mm,其正极(SP)的名义化学成分为铂铑合金,其中含铑 10%,含铂 90%,负极(SN)为纯铂,故俗称单铂铑热电偶。该热电偶长期最高使用温度为 1 300 ℃,短期最高使用温度为 1 600 ℃。

S 型热电偶准确度最高,稳定性最好,具有测温温区宽、使用寿命长等优点。其物理、化学性能良好,热电势稳定性及在高温下抗氧化性好,适合用在氧化性和惰性气体中。

S 型热电偶的不足之处是热电势、热电效率较小,灵敏度低,高温下机械强度下降,对污染非常敏感,且因贵金属材料昂贵,因而一次性投资较大。

(2)铂铑$_{30}$-铂铑$_6$ 热电偶(B 型热电偶)

铂铑$_{30}$-铂铑$_6$ 热电偶为贵金属热电偶。其直径规定为 0~5 mm,允许偏差−0.015 mm,其正极(BP)的名义化学成分为铂铑合金,其中含铑 30%,含铂 70%,负极(BN)为铂铑合金,含铑 6%,故俗称双铂铑热电偶。该热电偶长期最高使用温度为 1 600 ℃,短期最高使用温度为 1 800 ℃。

在热电偶系列中,B 型热电偶具有准确度最高、稳定性最好、测温温区宽、使用寿命长、测温上限高等优点。B 型热电偶适合用在氧化性和惰性气体中,也可短期用于真空中,但不适合用在还原性气体或含有金属或非金属的蒸气体中。B 型热电偶的一个明显的优点是不需要用补偿导线进行补偿,因为在 0 ℃~50 ℃温度范围内热电势小于 3 μV。B 型热电偶同样是贵金属热电偶,其缺点与 S 型热电偶一样。

(3)镍铬-铜镍热电偶(E 型热电偶)

镍铬-铜镍热电偶又称镍铬-康铜热电偶,是一种廉金属热电偶。其正极(EP)为镍铬$_{10}$合金,化学成分为镍铬合金,其中含镍 90%,含铬 10%,负极(EN)为铜镍合金,名义化学成分为 55% 的铜,45% 的镍以及少量的锰、钴、铁等元素。该热电偶的使用温度为−200 ℃~900 ℃。

E 型热电偶热电势是所有热电偶中最大的,灵敏度也是所有热电偶中最高的,宜制成热电堆,测量微小的温度变化;对于高湿度气体的腐蚀不甚灵敏,宜用于湿度较高的环境。E 型热电偶还具有稳定性好,抗氧化性能优于铜-康铜、铁-康铜热电偶,价格便宜等优点,能用于氧化性和惰性气体中,应用广泛。但 E 型热电偶不能直接在高温下用于硫、还原性气体中,热电势均匀性较差。

（4）镍铬-镍硅热电偶(K 型热电偶)

镍铬-镍硅热电偶是目前用量最大的廉金属热电偶,用量为其他热电偶的总和。其正极(KP)的名义化学成分与 EP 相同,负极(KN)的名义化学成分为镍硅合金,其中镍占 97%,硅占 3%,其使用温度为-200 ℃~1 300 ℃。

K 型热电偶具有线性度好、热电动势较大、灵敏度高、稳定性和均匀性较好、抗氧化性能强、价格便宜等优点,能用于氧化性惰性气体中,应用广泛。但 K 型热电偶不能直接在高温下用于硫、还原性或还原和氧化交替的气体、真空中,也不推荐用于弱氧化气体中。

（5）铁-铜镍热电偶(J 型热电偶)

铁-铜镍热电偶又称铁-康铜热电偶,也是一种廉金属热电偶。其正极(JP)的名义化学成分为纯铁,负极(JN)为铜镍合金,常被含糊地称为康铜,其名义化学成分为 55% 的铜和 45% 的镍以及少量却十分重要的锰、钴、铁等元素,尽管它叫康铜,但不同于镍铬-康铜和铜-康铜的康铜,故不能用 EN 和 TN 来替换。铁-铜镍热电偶的测量温区为-200 ℃~1 200 ℃,但通常使用的温度范围为 0 ℃~750 ℃。

J 型热电偶具有线性度好、热电动势较大、灵敏度较高、稳定性和均匀性较好、价格便宜等优点,广泛为用户所采用。J 型热电偶可用于真空、氧化、还原和惰性气体中,但正极铁在高温下氧化较快,故使用温度受到限制,也不能直接无保护地在高温下用于硫化气体中。

（6）铜-铜镍热电偶(T 型热电偶)

铜-铜镍热电偶又称铜-康铜热电偶,也是一种最佳的测量低温的廉金属热电偶。其正极(TP)是纯铜,负极(TN)为铜镍合金,常称之为康铜,它与镍铬-康铜的康铜 EN 通用,与铁-康铜的康铜 JN 不能通用(尽管它们都叫康铜),铜-铜镍热电偶的测量温区为-200 ℃~350 ℃。

T 型热电偶具有线性度好、热电动势较大、灵敏度较高、稳定性和均匀性较好、价格便宜等优点,特别是在-200 ℃~0 ℃温区内使用,稳定性更好,年稳定性可小于±3 μV,经低温检定可作为二等标准进行低温量值传递。但 T 型热电偶的正极铜在高温下抗氧化性能差,故使用温度上限受到限制。

常用工业标准热电偶如表 8-1 所示。

表 8-1　常用工业标准热电偶

热电偶名称	IEC分度号	允许误差		
		等级	测温范围/℃	允许误差/℃
铂铑10-铂	S	Ⅰ	0~1 100/1 100~1 600	±1 或±[1+(t-1 100)×0.003]
		Ⅱ	0~600/600~1 600	±1.5 或±0.25%t
铂铑30-铂铑6	B	Ⅱ	600~1 700	±0.25%t
		Ⅲ	600~800/800~1 700	±4 或±0.5%t

续表

热电偶名称	IEC 分度号	允许误差		
		等级	测温范围/℃	允许误差/℃
镍铬-镍硅	K	Ⅰ	−40～1 100	±1.5 或 ±0.4%t
		Ⅱ	−40～1 200	±2.5 或 ±0.75%t
		Ⅲ	−200～40	±2.5 或 ±1.5%t
铜-铜镍	T	Ⅰ	−40～350	±0.5 或 ±0.4%t
		Ⅱ	−40～350	±1 或 ±0.75%t
		Ⅲ	−200～40	±1 或 ±1.5%t
镍铬-铜镍	E	Ⅰ	−40～800	±1.5 或 ±0.4%t
		Ⅱ	−40～900	±2.5 或 ±0.75%t
		Ⅲ	−200～40	±2.5 或 ±1.5%t
铁-铜镍	J	Ⅰ	−40～750	±1.5 或 ±0.4%t
		Ⅱ	−40～750	±2.5 或 ±0.75%t

注：t 表示被测温度。

2. 非标准热电偶

非标准热电偶在工艺上还不成熟，目前应用不太广泛，只用在某些特殊环境如高温和低温中。这种热电偶在使用范围和数量上均不及标准热电偶，既没有统一的分度表，也没有配套的显示仪表。使用时须个别标定，以确定热电偶和温度之间的关系。

非标准热电偶包括铂铑系、铱铑系及钨铼系热电偶等。

铂铑系热电偶有铂铑$_{20}$-铂铑$_5$、铂铑$_{40}$-铂铑$_{20}$等种类，其共同的特点是性能稳定，适用于各种高温环境。

铱铑系热电偶有铱铑$_{40}$-铱、铱铑$_{60}$-铱。这类热电偶长期使用的测温范围在 2 000 ℃以下，且热电势与温度有较强的线性关系。

钨铼系热电偶有钨铼$_3$-钨铼$_{25}$、钨铼$_5$-钨铼$_{20}$等种类。这类热电偶最高使用温度受绝缘材料的限制，目前可达到 2 500 ℃左右，主要用于钢水的连续测温。

3. 热电偶的结构

将两个热电极的一个端点紧密地焊接在一起组成接点就构成热电偶。为保证热电偶能正常工作，在热电偶的两电极之间应使用耐高温材料绝缘，如图 8-7 所示。

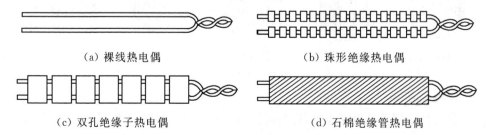

（a）裸线热电偶　　　　　　　　（b）珠形绝缘热电偶

（c）双孔绝缘子热电偶　　　　　　（d）石棉绝缘管热电偶

图 8-7　热电偶电极的绝缘方法

工业用热电偶必须长期工作在恶劣的环境中。根据被测对象的不同,热电偶的结构形式有多种多样,下面介绍几种比较典型的结构形式。

(1) 普通型热电偶结构

普通型热电偶结构主要包括热电极、绝缘管、保护套、接线盒等,如图 8-8 所示。贵金属热电极直径一般为 0.13~0.65 mm,普通金属热电极直径一般为 0.5~3.2 mm。绝缘管用于防止两热电极之间发生短路,常用材料为氧化铝和耐火陶瓷。保护套要求具有较好的气密性、足够的机械强度、稳定的物理化学特性,常用材料有金属、非金属和金属陶瓷三大类。接线盒用来固定接线座和作为连接补偿导线,根据测温对象和环境条件,设计有普通式、防溅式、防水式和防爆式等类型。普通型热电偶主要用于测量 0 ℃~1 800 ℃的气体、蒸汽和液体等介质的温度。这类热电偶已经制成标准形式,可以根据测量的温度范围和现场环境选择合适的热电偶、保护套以及接线盒等。

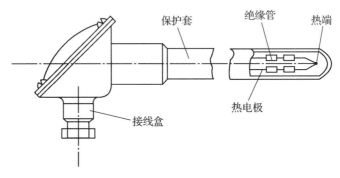

图 8-8 普通型热电偶结构

(2) 铠装型热电偶

铠装型热电偶是由热电极、绝缘材料和金属套管组合而成的坚实组合体,如图 8-9 所示,是将热电偶丝与电熔氧化镁绝缘物熔铸在一起,外表再套不锈钢管等,也称为套管热电偶。铠装型热电偶的主要特点是动态响应快;外径很细(1 mm),测量端热容量小;绝缘材料和金属套管经过退火处理,有良好的柔性;结构坚实,机械强度高,耐压、耐强烈震动和冲击,适用于多种工作条件,可以直接测量 0 ℃~800 ℃的气体、蒸汽介质及固体表面的温度。

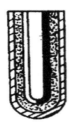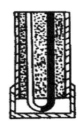

(a) 单芯结构　(b) 双芯碰底结构　(c) 双芯不碰底型　(d) 露头型　(e) 双芯帽型

图 8-9 铠装型热电偶工作端结构

(3) 薄膜热电偶

薄膜热电偶采用真空镀膜技术,将电偶材料沉积在绝缘材料表面,构成的热电偶称为薄膜热电偶,如图 8-10 所示。当测量温度范围为-200 ℃~500 ℃时,热电极材料多采用铜-

康铜、镍铬-铜、镍铬-镍硅等,用云母作绝缘基片,主要用于测量各种物体表面的温度。当测量范围为 500 ℃～1 800 ℃时,热电极材料多用镍铬-镍硅、铂铑-铂等,用陶瓷作基片,常用于测量火箭、飞机喷嘴的温度,以及钢锭、轧辊等表面的温度。

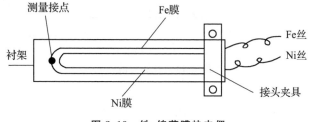

图 8-10 铁-镍薄膜热电偶

三、热电偶的冷端处理与温度补偿

由热电效应可知,热电偶的热电势大小不仅与热端温度有关,而且也与冷端温度有关,当冷端温度恒定时,热电势才是热端温度的单值函数,那么通过测量热电势的大小便可得到热端的温度。热电偶的分度表和以分度表刻度为依据的测量显示仪表都是在冷端温度为 0 ℃下制作的,因而测量时希望冷端温度恒为 0 ℃,以减少测量误差。但在实际应用中热电偶冷端会靠近被测物体,又受到周围环境温度的影响,其温度通常不是恒定的。因此,必须对冷端进行补偿或修正,消除冷端温度波动较大和不为 0 ℃时产生的影响。

1. 补偿导线法

补偿导线法将热电偶冷端延长到温度恒定的环境中,使得冷端远离被测物体,实现冷端迁移。补偿导线在 0 ℃～150 ℃范围内,具有和热电偶相同的热电特性,当热电偶与测量仪表间的距离较远时,使用补偿导线可以节约热电极的材料,降低成本,对于贵金属热电偶而言,经济效益尤其明显。

需要注意的是,只有在冷端温度恒定或配套仪表带有冷端温度自动补偿装置时,才可以应用补偿导线。对于不同分度号的热电偶,采用的补偿导线也不同,我国常用热电偶的补偿导线的型号、线芯材质、绝缘层着色如表 8-3 所示。在使用热电偶补偿导线时,要注意型号相配,极性不能接错,如图 8-11 所示。热电偶与补偿导线连接端的温度不应超过规定的稳定范围。

表 8-3 常用热电偶补偿导线

型号	配用热电偶（正—负）	补偿导线（正—负）	导线外皮颜色		100 ℃热电势/mV	20 ℃时的电阻/Ω
			正	负		
SC	铂铑$_{10}$-铂	铜-铜镍	红	绿	0.646 ± 0.023	0.05×10^{-6}
KC	镍铬-镍硅	铜-康铜	红	蓝	4.096 ± 0.063	0.52×10^{-6}
WC$_{5/26}$	钨铼$_5$-钨铼$_{26}$	铜-铜镍	红	橙	1.451 ± 0.051	0.10×10^{-6}

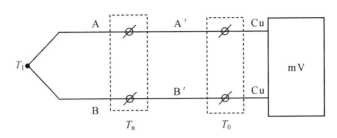

图 8-11 补偿导线法

2. 冷端恒温法

为了使热电偶冷端温度恒定,一般采用补偿导线法将冷端延伸出来,使冷端的温度通过一定的方法保持恒定,常用的恒温方法有以下几种。

(1) 0 ℃恒温法

在实操室精确测量中通常把延伸出来的冷端置于盛有冰水混合物的容器中,使得冷端温度恒定在 0 ℃。有时采用半导体制冷器件,将冷端恒定在 0 ℃上,如图 8-12 所示。

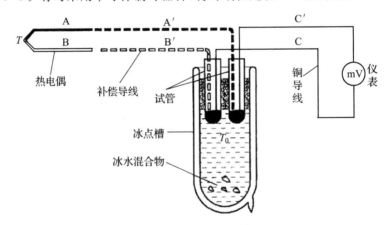

图 8-12 冷端温度恒定在 0 ℃示意图

(2) 电热恒温器法

将热电偶的冷端置于电热恒温器中,恒温器温度须略高于环境温度的上限。

(3) 恒温槽法

将热电偶的冷端置于大油槽或空气不流动的大容器中,利用其热惯性,使冷端温度变化缓慢。

3. 计算修正法($T_n \neq 0$ ℃)

在实际应用中,热电偶冷端温度往往不是 0 ℃,而是测量时的环境温度 T_n。热电偶的分度表以及以分度表刻度为根据的测量仪表都是在冷端温度为 0 ℃的情况下制作的,因此需要对仪表的测量值进行修正。

根据中间温度定律有 $E_{AB}(T, T_0) = E_{AB}(T, 0) + E_{AB}(0, T_0)$,若冷端温度高于 0 ℃,为 T_n,此时测得的热电势要小于相应热电偶的分度表值,那么利用中间温度法进行修正,有

$$E_{AB}(T, 0) = E_{AB}(T, T_n) + E_{AB}(T_n, 0) \tag{8-11}$$

式中:T 为待测温度;T_n 为冷端温度。

由热电偶分度表可以查到 $E_{AB}(T_n,0)$ 的值,结合热电偶测量仪表测得的热电势 $E_{AB}(T, T_n)$,再由热电偶分度表查出被测物体的真实温度 T。

【例 8-1】 用 K 型(镍铬-镍硅)热电偶测炉温,参考端温度 $T_n=30$ ℃,若测得 U_o,则实际炉温是多少?

【解】 由热电偶分度表查得 $E_{AB}(30$ ℃$,0$ ℃$)=1.203$ mV,有

$$E_{AB}(T,0 ℃)=E_{AB}(T,30 ℃)+E_{AB}(30 ℃,0 ℃)$$
$$=28.344 \text{ mV}+1.203 \text{ mV}=29.547 \text{ mV}$$

再查分度表可知实际炉温 $T=710$ ℃。

4. 温度修正法

冷端实际温度为 T_n 乘上系数 k,热电偶测量仪表测得的热电势为 $E_{AB}(T,T_n)$,根据该热电势查分度表所得的温度为 T',那么被测温度 T 为

$$T=T'+kT_n \tag{8-12}$$

式中:k 为热电偶修正系数,由热电偶的种类和被测温度范围决定。几种常用热电偶的 k 值如表 8-2 所示。

表 8-2 几种常用热电偶的 k 值表

温度 T'/℃ ($\leqslant$)	修正系数 k	
	铂铑$_{10}$-铂(S)	镍铬-镍硅(K)
100	0.82	1.00
200	0.72	1.00
300	0.69	0.98
400	0.66	0.98
500	0.63	1.00
600	0.62	0.96
700	0.60	1.00
800	0.59	1.00
900	0.56	1.00
1 000	0.55	1.07
1 100	0.53	1.11
1 200	0.52	—
1 300	0.52	—
1 400	0.52	—
1 500	0.53	—
1 600	0.53	

例 8-1 中参考端在室温环境 $T_n=30$ ℃中,仪表测得的热电势为 $E_{AB}(T,30$ ℃$)=$

28.344 mV,查此热电偶分度表知温度 $T'=681\ ℃$,冷端温度 $T_n=30\ ℃$,查表知 $k=1$,则真实温度

$$T=681+1\times30=711(℃)$$

与热电势修正法所得结果几乎一致。因此,这种方法在工程上应用较为广泛。

5. 冷端温度补偿器

热电偶冷端温度补偿器实质上是一个串接在热电偶回路中的补偿电桥,如图 8-13 所示,利用不平衡电桥产生的电势来补偿热电偶冷端温度变化而引起的热电势的变化。补偿电桥的四个桥臂中有一个臂用铜电阻作为感温组件,其余三个臂由阻值恒定的锰铜电阻制成。

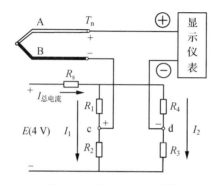

图 8-13　冷端温度补偿器

当冷端温度 T_n 为 0 ℃时,电桥处于平衡状态,输出电压为 $U_{cd}=0$,该温度称为电桥平衡点温度或补偿温度。当冷端温度 T_n 不为 0 ℃时,电桥失去平衡,热电偶冷端产生一热电势 ΔU,电桥输出的电压 U_{cd} 和冷端温度 T_n 的关系应与配套的热电偶的热电特性一致。不平衡电桥产生的电势 U_{cd} 正好与热电偶冷端电势 ΔU 大小相等、方向相反,叠加后相互抵消,从而使冷端温度不是 0 ℃时得到自动补偿。

四、热电偶的实用测温电路

1. 测量单点温度

测量单点温度时,热电偶、补偿导线、连接用铜线及动圈式测量显示仪表组成热电偶基本测温电路,图 8-14 为带温度补偿器的测温电路。电路中的显示仪表若是电位差计,则不必考虑线路电阻对测量精度的影响;若是动圈式显示仪表,就必须考虑测量线路电阻对测量精度的影响。

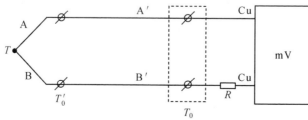

图 8-14　热电偶基本测温电路

2. 测量两点之间的温度差

在实际的测量工作中,若要测量两点之间的温度差,有两种方法可以实现:一是用两个热电偶分别测量两处的温度,再求差值;二是将两个相同型号的热电偶反向串联,如图 8-15 所示,测温时测量显示仪表得到的热电势即为两点间热电势的差值,这样便可直接求出两点间的温度差值。

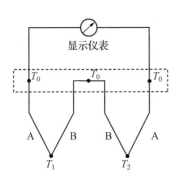

图 8-15　测量两点之间的温度差

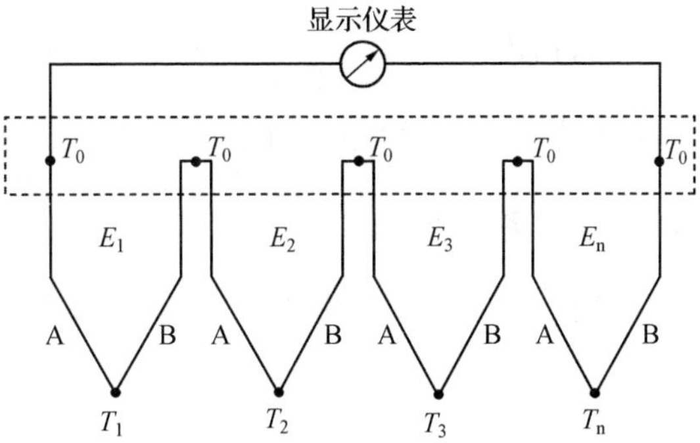

图 8-16　热电偶串联电路

3. 热电偶串联电路

热电偶串联电路可以实现多点温度之和的测量。将 n 个相同型号的热电偶正负极依次串联,如图 8-16 所示,若 n 个热电偶的热电势分别为 $E_1, E_2, E_3, \cdots, E_n$,那么串联电路总电势为 n 个热电偶热电势之和,即

$$E_{串} = E_1 + E_2 + E_3 + \cdots + E_n = nE$$

式中:E 为 n 个热电偶的平均电势。

热电偶串联电路的主要优点是热电势大,测量仪表的灵敏度明显高于单个热电偶;缺点是只要其中任一热电偶断开,整个电路就不能工作。

4. 热电偶并联电路

热电偶并联电路可以实现多点平均温度的测量。将 n 个相同型号的热电偶正负极分别两两接在一起,如图 8-17 所示,若 n 个热电偶的热电势分别为 $E_1, E_2, E_3, \cdots, E_n$,那么并联电路总电势为 n 个热电偶热电势之和的平均值,即

$$E_{并} = \frac{E_1 + E_2 + E_3 + \cdots + E_n}{n}$$

热电偶并联电路中的任一热电偶断开,整个电路工作不受影响。

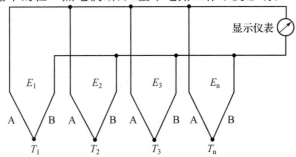

图 8-17　热电偶并联电路

项目实施

实操一　K型热电偶测温实操

一、实操目的

了解 K 型热电偶的特性与应用。

二、实操仪器

智能调节仪、P_T100、K 型热电偶、温度源、温度传感器实操模块。

三、实操原理

实操原理见本项目"知识描述"中"热电偶工作原理"。

四、实操内容与步骤

① 进行铂热电偶 P_T100 的温度控制实验,将温度控制在 50 ℃,在另一个温度传感器插孔中插入 K 型热电偶温度传感器。

② 将 ±15 V 直流稳压电源接入温度传感器实操模块中。温度传感器实操模块的输出 U_{o2} 接主控台直流电压表。

③ 将温度传感器模块上差动放大器的输入端短接,调节 R_{w3} 到最大位置,再调节电位器 R_{w4} 使直流电压表显示为零。

④ 拿掉短路线,按图 8-18 接线,并将 K 型热电偶的两根引线,热端(红色)接 a,冷端(绿色)接 b,记下模块输出的电压值 U_{o2}。

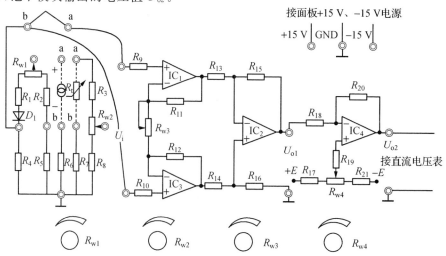

图 8-18　K 型热电偶测温连接图

⑤ 改变温度源的温度,每隔 5 ℃记下输出值 U_{o2},直到温度升至 120 ℃,并将实操结果填入表 8-3 中。

表 8-3　数据记录

$T/℃$												
U_{o2}/V												

五、实操报告

① 根据表 8-3 中的实操数据,作出 U_o-T 曲线,分析 K 型热电偶的温度特性曲线,计算其非线性误差。

② 根据中间温度定律和 K 型热电偶分度表,用平均值计算出差动放大器的放大倍数 A。

实操二　E 型热电偶测温实操

一、实操目的

了解 E 型热电偶的特性与应用。

二、实操仪器

智能调节仪、P_T100、E 型热电偶、温度源、温度传感器实操模块。

三、实操原理

实操原理见本项目"知识描述"中"热电偶工作原理"。

四、实操内容与步骤

① 重复 P_T100 温度控制实验,将温度控制在 50 ℃,在另一个温度传感器插孔中插入 E 型热电偶温度传感器。

② 将 ±15 V 直流稳压电源接入温度传感器实操模块中。温度传感器实操模块的输出 U_{o2} 接主控台直流电压表。

③ 将温度传感器模块上差动放大器的输入端 U_i 短接,调节 R_{w3} 到最大位置,再调节电位器 R_{w4} 使直流电压表显示为零。

④ 拿掉短路线,按图 8-18 接线,并将 E 型热电偶的两根引线,热端(红色)接 a,冷端(绿色)接 b,并记下模块输出 U_{o2} 的电压值。

⑤ 改变温度源温度,每隔 5 ℃记下输出值 U_{o2},直到温度升至 120 ℃。将实操结果填入表 8-4 中。

表 8-4　数据记录

$T/℃$											
U_{o2}/V											

五、实操报告

① 根据表 8-4 中的实操数据,作出 U_{o2}-T 曲线,分析 K 型热电偶的温度特性曲线,计算其非线性误差。

② 根据中间温度定律和 E 型热电偶分度表,用平均值计算出差动放大器的放大倍数 A。

项目拓展

一、数字式温度表

数字式温度表如图 8-19 所示,由前置放大、线性化电路、A/D 转换器和显示电路部分组成。热电偶输出的热电势信号一般都很小(mV 数量级),必须经过高增益的直流放大,常用数据放大器。热电偶的热电特性一般来讲都是非线性的,欲使显示数或输出脉冲数与被测温度直接对应,必须采取措施进行非线性校正,通常采用硬件校正法,实现温度的数字测量和显示。如向计算机过程控制系统提供温度信号,在前置放大后,可以将电信号变换为标准信号(0~5 V,4~20 mA),非线性校正(和冷端补偿)工作都直接由计算机进行软件校正。

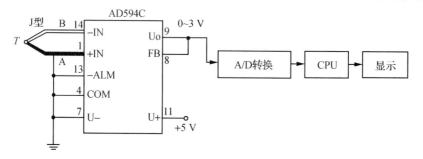

图 8-19　数字式温度表

二、炉温测量控制系统

热电偶炉温测量控制系统如图 8-20 所示。mV 定值器给出给定温度的相应 mV 信号,热电偶的热电势与定值器的毫伏信号相比较,若有偏差则表示炉温偏离给定值,此偏差经放大器送入调节器,再经过晶闸管触发器推动晶闸管执行器来调整电炉丝的加热功率,直到偏差被消除,从而控制温度。

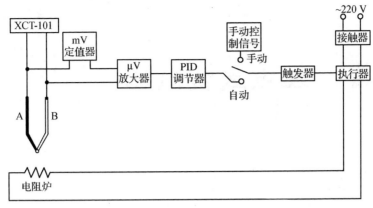

图 8-20　炉温测量控制系统

练习题

1. 什么是金属导体的热电效应？热电势由哪几部分组成？

2. 热电偶产生热电势的必要条件是什么？

3. 设一热电偶工作时产生的热电动势可表示为 $E_{AB}(T, T_0)$，其中 A、B、T、T_0 各代表什么？T_0 在实际应用时通常应为多少？

4. 用热电偶测温时，为什么要进行冷端补偿？冷端补偿的方法有哪几种？

5. 用 K 型热电偶测量温度，已知冷端温度为 40 ℃，用高精度毫伏表测得此时的热电动势为 29.186 mV，求被测的温度大小。

6. 用 K 型热电偶测钢水温度，形式如图 8-21 所示。已知 A、B 分别用镍铬、镍硅材料制成，A'、B' 为延长导线。问：

(1) 满足哪些条件时，此热电偶才能正常工作？

(2) A、B 开路是否影响装置正常工作？原因是什么？

(3) 采用 A'、B' 的好处？

(4) 若已知 $T_{01} = T_{02} = 40$ ℃，电压表示数为 37.702 mV，则钢水温度为多少？

(5) 此种测温方法的理论依据是什么？

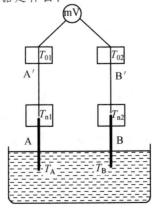

图 8-21　K 型热电偶测钢水温度

项目九 压电式传感器

知识目标

① 掌握压电效应的原理。

② 掌握常用压电材料。

③ 掌握压电传感器的结构、测量电路和应用。

技能目标

通过对压电式传感器原理的学习，在掌握实操技能的基础上，实现用压电式传感器对相关参数的测量。

项目描述

在 THSRZ-2 型传感器实操台上按照要求进行操作，进行压电式传感器实操训练。

知识描述

压电式传感器是一种自发电式传感器，其工作原理是：以某些材料的压电效应为基础，在外力作用下，这些材料的表面上产生电荷，从而实现非电量到电量的转换。因此，压电式传感器实质上是力敏元件，它能够对最终能变换为力的那些非电物理量（如压力、应力、加速度等）进行测量，转换为电量。压电式传感器在工程上有着广泛的应用。

一、晶体的压电效应

1. 压电效应

某些电介质在受到一定方向的外力作用而变形时内部会产生极化现象，进而在其两个表面上产生符号相反的电荷，当去掉外力后，又重新回到不带电状态，这种现象称为压电效应。有时又将这种机械能转换成电能的现象称为正压电效应。反之，在电介质极化的方向上施加交变电场，会产生机械形变，当去掉外加电场后，形变消失，这种现象称为逆压电效应，又称为电致伸缩效应。具有压电效应的介质称为压电材料，常见的压电材料有天然的石英晶体、人造的压电陶瓷（钛酸钡、锆钛酸铅）等。图 9-1 为压电效应示意图。

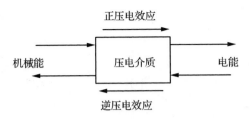

图 9-1　压电效应示意图

2. 石英晶体的压电效应

石英晶体 SiO_2 的结构如图 9-2(a) 所示, 天然石英晶体呈六角形晶柱, 晶体各个方向的特性不一致。将天然石英晶体切割成正平行六面体的切片, 如图 9-2(b) 所示。石英晶体有三个晶轴, 在直角坐标系中, x 轴平行于正六面体的棱线, 称为电轴; y 轴垂直于正六面体的棱面, 称为机械轴; z 轴与晶体的纵向轴线方向一致, 称为光轴。

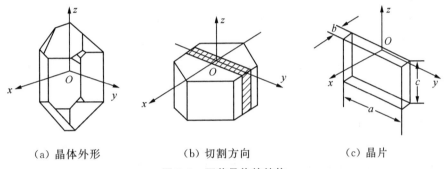

（a）晶体外形　　　　（b）切割方向　　　　（c）晶片

图 9-2　石英晶体的结构

从晶体上沿 x、y、z 轴切割出一片平行六面体的薄片, 就是工业上常用的石英晶体切片, 如图 9-2(c) 所示。当沿 x 轴方向对压电晶片施加力的作用时, 在 x 轴表面上产生电荷的现象称为纵向压电效应; 当沿 y 轴方向对压电晶片施加力的作用时, 仍在 x 轴表面上产生电荷的现象称为横向压电效应; 沿 z 轴方向施力不产生压电效应。

石英晶体产生压电效应的原理与其内部结构有关, 产生极化现象的原理可用图 9-3 说明。石英晶体的每个晶胞中有 3 个硅离子和 6 个氧离子、1 个硅离子和 2 个氧离子（氧离子成对出现）交替排列。沿光轴看去可等效为如图 9-3 所示的正六边形结构。

① 如图 9-3(a) 所示, 在无外力作用时, 硅离子所带正电荷的等效中心与氧离子所带负电荷的等效中心重合, 正负电荷抵消, 整个晶胞呈不带电状态。

② 如图 9-3(b) 所示, 当沿 x 轴方向对压电晶片施加压力时, 晶胞受外力压缩, 正负电荷等效中心不再重合, 正电荷中心上移, 负电荷中心下移。在 x 轴正方向表面上产生正电荷, x 轴负方向表面上产生负电荷, 从而形成电场。在 x 轴方向上施加力 F_x, 在与 x 轴垂直的方向上产生的电荷量为

$$q = d_{/\!/} F_x \tag{9-1}$$

式中: $d_{/\!/}$ 为压电常数。

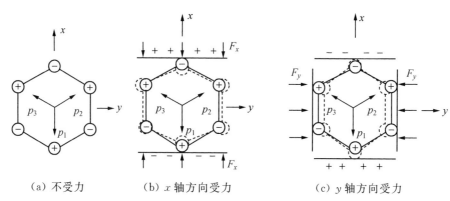

（a）不受力　　　　　（b）x 轴方向受力　　　　（c）y 轴方向受力

图 9-3　石英晶体受力模型

当沿 y 轴方向对压电晶片施加拉力时，在晶片上形成的电场情况与沿 x 轴方向施加压力的情况一致。

③ 如图 9-3(c)所示，当沿 y 轴方向对压电晶片施加压力时，晶胞受外力压缩，正电荷中心下移，负电荷中心上移。在 x 轴正方向表面上产生负电荷，x 轴负方向表面上产生正电荷，形成电场。在 y 轴方向上施加力 F_y，在与 y 轴垂直的方向上产生的电荷量为

$$q=-d_{/\!/}\frac{a}{b}F_y \tag{9-2}$$

式中：a，b 分别为石英晶片的长度和厚度。

由式(9-1)和式(9-2)可知，沿 y 轴方向对压电晶片施加压力产生的电荷量与石英晶片的长度和厚度有关，负号表示沿 y 轴方向和沿 x 轴方向施加压力所产生的电荷方向相反。

当沿 x 轴方向对压电晶片施加拉力时，在晶片上形成的电场情况与沿 x 轴方向施加压力的情况一致。

二、压电材料

1. 压电材料的主要特性参数

① 压电常数 d：衡量材料压电效应强弱的参数，表征压电输出的灵敏度。

② 弹性常数：决定压电器件的固有频率和动态特性。

③ 介电常数 ε_r：决定压电元件的固有电容的大小，而固有电容影响着压电传感器的频率下限。

④ 机电耦合系数：衡量压电材料机电能量的转换效率，定义为输出与输入能量比值的平方根。

⑤ 居里点：压电材料开始丧失压电特性的温度称为居里点温度。

⑥ 电阻：压电材料的绝缘电阻。

2. 常见的压电材料

目前应用于压电式传感器的压电材料有四类：第一类是压电晶体；第二类是经过极化处理的压电陶瓷；第三类是压电半导体；第四类是高分子压电材料。压电晶体中的石英晶体和压电陶瓷中的钛酸钡、锆钛酸铅系列是应用得比较普遍的材料。

（1）石英晶体

石英晶体是应用得最早的压电材料，其突出优点是性能非常稳定，在 20 ℃～200 ℃的范围内压电常数的变化率只有−0.000 16/℃。石英晶体的居里点为 575 ℃，熔点为 1 750 ℃，密度为 2～65 g/cm³，且石英晶体具有自振频率高、动态性能好、机械强度高、绝缘性能好、迟滞小、重复性好以及线性范围宽等优点，其不足之处是压电常数较小（$d=2\times10^{-2}\sim31\times10^{-12}$ C/N）。因此石英晶体大多只在标准传感器、高精度传感器或使用温度较高的传感器中使用，而在一般要求的测量中，基本上采用压电陶瓷。

（2）压电陶瓷

压电陶瓷是人工制造的多晶体压电材料，其压电原理与石英晶体不一样，压电陶瓷内部晶粒有许多自发极化的电畴，有一定的极化方向，因而存在电场。在无外电场作用时，电畴在晶体中杂乱分布，它们的极化效应被相互抵消，压电陶瓷内极化强度为零。因此，原始的压电陶瓷呈中性，不具有压电性质。图 9-4 为压电陶瓷材料极化示意图。

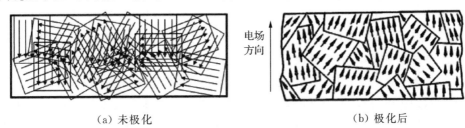

（a）未极化　　　　　　　　　　　　　　（b）极化后

图 9-4　压电陶瓷材料极化

压电陶瓷施加外电场，对陶瓷内部电畴进行极化处理，电畴按照一定规则排列，此时压电陶瓷具有一定的极化强度。外电场撤销后，极化处理后的陶瓷材料内部存在很强的剩余极化，当陶瓷材料受到外力作用时，电畴的界限发生移动，电畴发生偏转，从而引起剩余极化强度的变化，因而在垂直于极化方向的平面上将出现极化电荷的变化。这种因受力而产生的由机械效应转变为电效应，将机械能转变为电能的现象，就是压电陶瓷的正压电效应。电荷量的大小与外力成正比关系：

$$q=d_{/\!/}F \tag{9-3}$$

式中：$d_{/\!/}$为压电陶瓷的压电系数；F 为外加作用力。

压电陶瓷的压电系数比石英晶体大很多，因此，用压电陶瓷制作的压电传感器的灵敏度比较高。但刚刚极化后的压电陶瓷的特性不稳定，且会随时间变化，一定时间后，要对传感器进行校准。

常用的压电陶瓷材料主要有以下几种：

① 锆钛酸铅系列压电陶瓷（PZT）。该系列压电陶瓷有较高的压电常数（$d=200\times10^{-12}\sim500\times10^{-12}$ C/N）和居里点（500 ℃左右），是目前经常采用的一种压电材料。但锆钛酸铅系列压电陶瓷主要成分是氧化铅（含 60%～70%），氧化铅是一种易挥发的有毒物质，对环境有很大的污染，会危害人体健康。

② 非铅系列压电陶瓷。为减少铅对环境的污染，科学家们正积极研制非铅系列压电陶

瓷。目前非铅系列压电铁电陶瓷体系主要包括钛酸钡($BaTiO_3$)基无铅压电陶瓷、BNT 基无铅压电陶瓷、铌酸盐基无铅压电陶瓷、钛酸铋钠钾无铅压电陶瓷和钛酸铋锶钙无铅压电陶瓷等，它们的各项性能多已超过含铅系列压电陶瓷，是今后压电铁电陶瓷的发展方向。

（3）压电半导体

压电半导体是指有压电效应的半导体材料。20 世纪 60 年代以来，发现了许多晶体既具有半导体特性，也具有压电性，如元素晶体硒（Se）、碲（Te）、氧化锌（ZnO）、硫化锌（ZnS）、硒化镓（GaSe）、砷化镓（GaAs）等。压电半导体兼有半导体和压电两种物理性能，因此，既可用它的压电性能研制压电式力敏传感器，又可利用其半导体性能加工成电子器件，将两者结合起来，就可研制出传感器与电子线路一体化的新型压电传感测试系统。

（4）压电复合材料

高分子材料是有机分子的半结晶或结晶聚合物，其压电效应较复杂，不仅要考虑晶格中均匀的内应变对压电效应的贡献，还要考虑高分子材料中非均匀内应变所产生的各种高次效应以及与整个体系平均变形无关的电荷位移而表现出来的压电特性。高分子压电材料有聚偏二氟乙烯（PVF2 或 PVDF）、聚氟乙烯（PVF）、改性聚氯乙烯（PVC）等，其中以 PVF2 和 PVDF 的压电常数最高，它的声阻抗约为 0.02 MPa/s，与空气的声阻抗有较好的匹配，可以制成特大口径的壁挂式低音扬声器。压电晶体和压电陶瓷都是脆性材料，而高分子压电材料是一种柔软的压电材料，可根据需要制成薄膜或电缆套管等。它不易破碎，具有防水性，可以大量连续拉制，制成较大的面积或较长的尺度，因此价格便宜。高分子压电材料的工作温度一般低于 100 ℃，若温度升高，灵敏度将降低，且它的机械强度不够高，耐紫外线能力较差，不宜暴晒，以免老化。

三、压电式传感器的等效电路和测量电路

1. 压电式传感器等效电路

当压电片受力时，压电效应使得电阻的两个极板分别产生正、负电荷，两种电荷量相等，如图 9-5 所示。两极板聚集电荷，中间为绝缘体，等效为一个电容器，其电容量为

$$C_a = \frac{\varepsilon S}{h} = \frac{\varepsilon_r \varepsilon_0 S}{h} \tag{9-4}$$

式中：S 为极板面积；h 为压电片厚度；ε_0 为空气介电常数；ε_r 为压电材料相对介电常数。

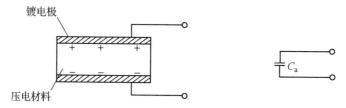

图 9-5　压电式传感器的等效电路

两极板间电压为

$$U=\frac{q}{C_{\text{a}}} \tag{9-5}$$

当压电元件受到外力作用时,两极板产生电荷,因此,可以把压电式传感器等效为一个电荷源与一个电容并联的电荷发生器,等效电路如图 9-6(a)所示。压电式传感器也可以等效为一个电压源和一个电容串联的电压源,等效电路如图 9-6(b)所示。

（a）等效电荷源　　　　　　　　（b）等效电压源

图 9-6　压电传感器的等效电路

由等效电路可知,当内部无漏电、外接电阻负载 R_{L} 无穷大时,压电元件产生的等效电荷源或电压源才能长期保存。实际上这是不可能的,只有外力以一定频率不断作用时,压电元件才会产生持续的电荷量。因此,压电传感器不能测量静态量,适用于动态测量,能够为测量电路提供一定的电流。

压电传感器在实际应用中,要与测量仪器或是测量电路相连。因此,等效电路中还要考虑连接电缆的等效电容 C_{c}、放大器的输入电阻 R_{i}、输入电容 C_{i} 和压电传感器的漏电阻 R_{a},压电式传感器在测量系统中的实际等效电路如图 9-7 所示。

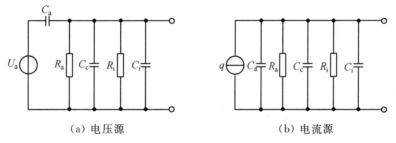

（a）电压源　　　　　　　　（b）电流源

图 9-7　压电式传感器实际等效电路

2. 压电式传感器测量电路

压电式传感器内阻抗很高,输出能量较小,要求其测量电路将高输出阻抗变换为低输出阻抗,并能够放大传感器输出的微弱信号。因此,须在压电传感器的输出端接入一个高输入阻抗的前置放大器,然后再接其他转换电路。

压电式传感器的输出信号有电压和电流两种,相应地前置放大器也有两种形式,即电压放大器和电荷放大器。

（1）电压放大器（阻抗变换器）

电压放大器电路原理图及其等效电路如图 9-8 所示。

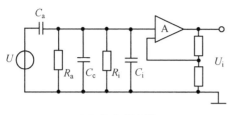 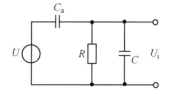

（a）放大器电路 　　（b）输入端简化等效电路

图 9-8　电压放大器电路原理及其等效电路图

图 9-8(b) 是图 9-8(a) 的简化电路，电阻 $R=\dfrac{R_a R_i}{R_a+R_i}$，电容 $C=C_c+C_i$，电压源 $U=\dfrac{q}{C_a}$。

若压电式传感器受力为正弦量 $\dot F=F_m\sin\omega t$，则电压源为

$$\dot U=\frac{dF_m}{C_a}\sin\omega t=U_m\sin\omega t \tag{9-6}$$

式中：d 为压电系数；$U_m=\dfrac{dF_m}{C_a}$ 为压电元件输出电压幅值。

那么放大器输入端电压 u_i 的复数形式为

$$\dot U_i=d\dot F\frac{j\omega R}{1+j\omega R(C_a+C)} \tag{9-7}$$

输入端电压 u_i 的幅值 U_{im} 是 ω 的函数：

$$U_{im}(\omega)=\frac{dF_m\omega R}{\sqrt{1+\omega^2 R^2(C_a+C_c+C_i)^2}} \tag{9-8}$$

输入端电压和作用力之间的相位差为

$$\Phi(\omega)=\frac{\pi}{2}-\arctan[\omega R(C_a+C_c+C_i)] \tag{9-9}$$

在理想情况下，传感器的 R_a 与前置放大器输入电阻 R_i 的电阻值近似为无限大，即 $\omega R(C_a+C_c+C_i)\gg1$，输入电压幅值可简化为

$$U_{im}=\frac{dF_m}{C_a+C_c+C_i} \tag{9-10}$$

由上式可知，前置放大器的输入端电压的幅值 U_{im} 与频率 ω 无关。一般 $\dfrac{\omega}{\omega_0}>3$ 时，就可以认为 U_{im} 与 ω 无关，其中 $\omega_0=\dfrac{1}{R(C_a+C_c+C_i)}$ 为测量电路时间常数的倒数。

$\dfrac{\omega}{\omega_0}>3$ 时，前置放大器的输入端电压的幅值 U_{im} 与频率 ω 无关，说明压电式传感器具有良好的高频响应。由式(9-10)可知，当连接传感器与前置放大器的电缆长度改变时，电缆的等效电容 C_c 也会随之改变，使得输入电压发生改变。因此，测量时不要随意更换连接电缆，否则须重新校正电压的灵敏度值。

（2）电荷放大器

电荷放大器常作为压电式传感器的输入电路，将高内阻的电荷源转换为低内阻的电压

源。电荷放大器由一个反馈电容 C_f 和高增益运算放大器构成,由于运算放大器的输入阻抗极高,放大器输入端几乎没有电流,忽略 R_a 和 R_i 并联电阻后,电荷放大器简化等效电路如图9-9所示。

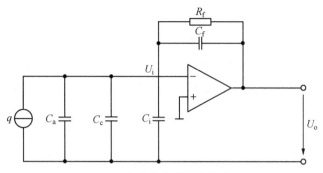

图9-9　电荷放大器简化等效图

由运算放大器的基本特性,可求出电荷放大器的输出电压为

$$U_o = -AU_i = -A\frac{q}{C} = -\frac{Aq}{C_a+C_c+C_i+(1+A)C_f} \tag{9-11}$$

式中:A 为运算放大器的增益。通常 A 为 $10^4 \sim 10^6$,因此若满足 $(1+A)C_f \gg C_a+C_c+C_i$,则式(9-11)可近似表示为

$$U_o \approx -\frac{q}{C_f} \tag{9-12}$$

由上式可知,电荷放大器的输出电压 U_o 取决于输入电荷量 q 和反馈电容 C_f。在一定条件下,与电缆的等效电容 C_c 无关,即压电式传感器的灵敏度与电缆长度无关。

四、压电晶片的连接方式

在实际应用中,单片压电晶片产生的电荷量很微小。为了提高传感器的灵敏度,通常将两片或两片以上的压电晶片按照串联或并联的方式连接在一起使用。

1. 串联方式

串联方式是将一个压电晶片的负极面与另一个压电晶片的正极面粘连一起,粘在一起的两个极面电荷正负抵消,非接触面的两个极面分别产生正、负电荷,如图9-10所示。

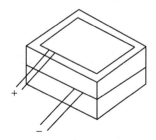

图9-10　压电晶片串联连接

串联连接后,两个压电晶片的电荷量与单片相同,但输出电压为单片的两倍,电容为单

片的 $\dfrac{1}{2}$,即

$$\begin{cases} q' = q \\ U' = 2U \\ C' = \dfrac{C}{2} \end{cases} \qquad (9\text{-}13)$$

采用串联方式时压电晶片输出的电压大,本身电容小。当采用电压放大器作为前置放大器时,串联方式可以提高传感器的灵敏度。因此,串联方式适用于测量电压输出信号以及测量快信号的情况。

2. 并联方式

并联方式是将两个压电晶片的负极面粘在一起,负电荷集中在该极面上,非接触面的两个极面的正电荷通过导线连接在一起,如图 9-11 所示。

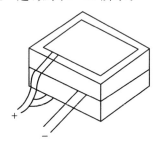

图 9-11 压电晶片并联连接

并联连接后,两个压电晶片的电荷量和电容都是单片的两倍,输出电压与单片相同,即

$$\begin{cases} q' = 2q \\ U' = U \\ C' = 2C \end{cases} \qquad (9\text{-}14)$$

采用并联方式时压电晶片输出的电压大,本身电容也大。当采用电荷放大器作为前置放大器时,并联方式可以提高传感器的灵敏度。因此,并联方式适用于测量电荷输出信号以及测量慢信号的情况。

项目实施

实操　压电式传感器振动测量实操

一、实操目的

了解压电式传感器测量振动的原理和方法。

二、实操仪器

振动源、信号源、直流稳压电源、压电传感器模块、移相检波低通模块。

三、实操原理

压电式传感器由惯性质量块和压电陶瓷片等组成（观察实操用压电式加速度计结构），工作时，传感器感受到与试件相同频率的振动，质量块便有正比于加速度的交变力作用在压电陶瓷片上，由于压电效应，压电陶瓷产生正比于运动加速度的表面电荷。

四、实操内容与步骤

① 将压电式传感器安装在振动梁的圆盘上。

② 将振荡器的"低频输出"接到三源板的"低频输入"，并按图 9-12 接线，合上主控台电源开关，调节低频调幅到最大、低频调频到适当位置，使振动梁的振幅逐渐增大。

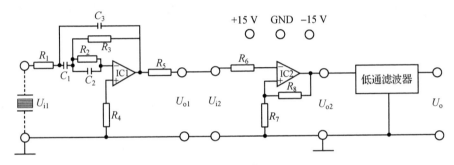

图 9-12 压电传感器实操模块

③ 将压电传感器的输出端接到压电传感器模块的输入端 U_{i1}，U_{o1} 接 U_{i2}，U_{o2} 接移相检波低通模块低通滤波器输入 U_i，输出 U_o 接示波器，观察压电传感器的输出波形 U_o。

五、实操报告

改变低频输出信号的频率，将振动源不同振动幅度下压电传感器输出波形的频率和幅值记入表 9-1 中，并由此得出振动系统的共振频率。

表 9-1 数据记录

振动频率 f/Hz	5	6	7	8	9	10	11	12	13	14	15	18	20	22	24	26	30
V_{p-p}/V																	

项目拓展

一、压电式加速度传感器

压电式加速度传感器又称压电加速度计或压电加速度表。压电式加速度传感器广泛用于检测导弹、飞机、车辆等的冲击和振动。

惯性质量块 1 安装在双压电晶体片 2 上，后者与引线都用导电胶黏结在底座 4 上。测量时，底部螺钉与被测件刚性固联，传感器感受到与试件相同频率的振动，质量块便有正比于加速度的交变力作用在晶片上。由于压电片的压电效应，两个表面上就产生交变电荷，当振动频率远低于传感器的固有频率时，传感器的输出电荷（电压）与作用力成正比，即压电晶片表面电荷与加速度成正比。

输出电量由传感器输出端引出，输入到前置放大器后就可以用普通的测量仪器测出试件的加速度，如在放大器中加入适当的积分电路，就可以测出试件的振动速度或位移。

二、压电式声传感器

压电式声传感器可以将电场能转换为机械能或将机械能转换为电场能，这类器件多数是可逆的，既可用于发射声信号，也可用于接收声信号。在空气中，常将发射换能器称为扬声器，俗称喇叭；将接收换能器称为微音器，也称为麦克风，俗称话筒。在水声中，常将接收器件称为水听器；在超声中，常将其称为探头。

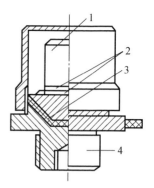

1—质量块；2—晶体片；
3—输出端；4—底座

**图 9-13 压电式加速度
传感器结构图**

压电式声传感器的种类很多，图 9-14 所示为一种压电式声传感器的结构示意图，其核心部件是压电陶瓷片。在压电陶瓷片的前后两个表面粘贴两块金属组成夹心型振子。头部用轻金属铝做成喇叭形；中部为压电陶瓷环，环中间穿过螺钉固定；尾部用重金属做成锥形。这种结构增大了辐射面积，增强了振子与介质的耦合作用。当交变信号加在压电陶瓷片两个端面时，由于压电陶瓷的逆压电效应，陶瓷片会在电极方向产生周期性的伸长和缩短，即压电陶瓷片产生机械振动，成为声波源而发射一定频率的声信号。这时的声传感器就是声频信号发射器。当一定频率的声频信号加在传感器上时，传感器的压电陶瓷片受到外力作用产生伸缩变形，由于压电陶瓷的正压电效应，压电陶瓷上将出现充、放电现象，即将声频信号转换成交变电信号，此时声传感器就是声频信号接收器。

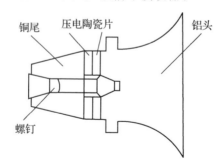

铜尾　压电陶瓷片　铝头

螺钉

图 9-14 压电式声传感器的结构示意图

三、压电式玻璃破碎报警器

压电式玻璃破碎报警器利用压电元件对振动敏感的特性来感知玻璃受撞击和破碎时产生的振动波。传感器把振动波转换成电压输出，输出电压经放大、滤波、比较等处理后提供给报警系统。检测时传感器用胶粘贴在玻璃上，然后通过电缆和报警电路相连。带通滤波使玻璃振动频率范围内的输出电压信号通过,其他频段的信号滤除。比较器的作用是,当传感器输出信号高于设定的阈值时,输出报警信号,驱动报警执行机构工作。

　　报警器的电路框图如图 9-15 所示,使用时将传感器用胶粘贴在玻璃上,然后通过电缆和报警电路相连。为了提高报警器的灵敏度,信号经放大后,需经带通滤波器进行滤波,要求对选定的频谱通带的衰减要小,而带外衰减要尽量大。由于玻璃振动的波长在音频和超声波的范围内,这就使滤波器成为电路中的关键。当传感器输出信号高于设定的阈值时,才会输出报警信号,驱动报警执行机构工作。

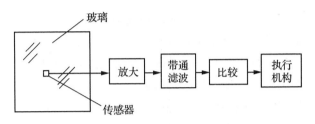

图 9-15　压电式玻璃破碎报警器电路

四、压力式力传感器

　　压电式力传感器的结构如图 9-16 所示。被测力通过传力上盖使压电元件在沿电轴方向受压力作用而产生电荷,两块压电片沿电轴反方向叠起,其间是一个片形电极,它收集负电荷。两压电晶片的正电荷侧分别与传感器的传力上盖及底座相连。因此两块压电片被并联起来,提高了传感器的灵敏度。片形电极通过电极引出插头将电荷输出。这种压电式力传感器属于单向力传感器,主要用于变化率中等的动态力的测量。

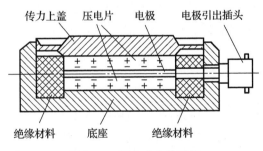

图 9-16　压电式力传感器

　　压电式力传感器的典型应用有:在测试车床动态切削力、轴承支座反力及表面粗糙度的测量仪中作为力传感器。使用时,压电元件装配时必须施加较大的预紧力,以消除各部件与压电元件之间、压电元件与压电元件之间因接触不良而引起的非线性误差,使传感器工作在线性范围。

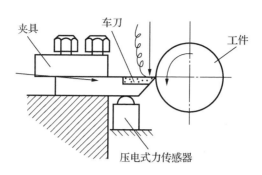

图 9-17　动态切削力的测量

如图 9-17 所示,压电式单向测力传感器可用于机床动态切削力 F 的测量,压电传感器位于车刀前部的下方。当进行切削加工时,切削力通过刀具传给压电传感器上盖,使石英晶片沿电轴方向受压力作用。由于纵向压电效应使石英晶片在电轴方向上出现电荷,两块晶片沿电轴方向并联叠加,负电荷由片形电极输出,压电晶片正电荷侧与底座连接。然后通过电荷放大电路将电压信号进行放大输出,再通过仪表记录下电信号的变化,就可测得切削力的变化。用两块并联的晶片作为传感元件,被测力通过传力给这两块晶片,就可以提高测量的灵敏度。压力元件弹性变形部分的厚度较薄,其厚度由测力大小决定。

 练习题

1. 什么是压电效应?用压电效应传感器能否测量静态和变化缓慢的信号?为什么?

2. 常用的压电元件有哪几种?哪种测量精度最高?

3. 压电元件在串联和并联使用时各有什么特点?为什么?

4. 根据图 9-18 所示石英晶体切片上第一次受力情况下产生的电荷极性,试标出其余三种受力情况下产生的电荷极性。

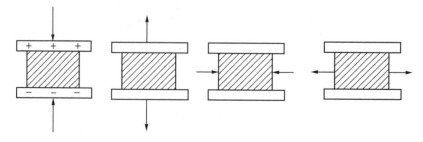

图 9-18　石英晶体切片分析

5. 有一测单向脉动力的压电传感器如图 9-19 所示,压电元件用两片压电陶瓷并联,压电常数为 200×10^{-12} C/N,电荷放大器的反馈电容 $C_f=2\,000$ pF,测得输出电压 $u_o=5\sin\omega t$(V)。问:

(1) 该传感器产生的电荷为多少?

(2) 此被测脉动力大小是多少?

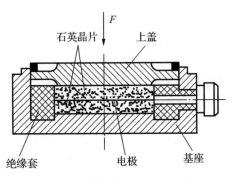

图 9-19　测单向脉动力的压电传感器

项目十 光电式传感器

知识目标

① 了解光电效应的基本概念。

② 掌握光电式传感器的基本工作原理。

③ 熟悉光电器件的结构、特性、分类。

④ 了解光电式传感器的应用范围。

技能目标

通过对光电式传感器原理的学习,在掌握实操技能的基础上,实现用光电式传感器对转速进行测量。

项目描述

在 THSRZ-2 型传感器实操台上按照要求进行操作,进行光电式传感器实操训练,并测量转速。

知识描述

光电式传感器是一种将光信号(红外线、可见光及紫外线)转换为电信号的传感器,一般由光源、光学通路和光电元件三部分组成。光电式传感器为非接触式测量,具有可靠性高、精度高、反应快及非接触等优点。光电式传感器已被广泛应用于检测和控制领域。

一、光电效应

当光照射某一物体时,可以看作是一连串能量为 E 的光子轰击这个物体,此时光子能量就传递给物体的电子,电子得到光子传递的能量后其状态就会发生变化,从而使受光照射的物体产生相应的电效应,这种物理效应称为光电效应。光电效应分为外光电效应和内光电效应。

1. 外光电效应

在光线作用下,物体内的电子逸出物体表面向外发射的现象称为外光电效应。一束光是由一束以光速运动的粒子组成,这些粒子称为光子。光子具有能量,每个光子具有的能量为

$$E = h\upsilon \tag{10-1}$$

式中：$h = 6.626 \times 10^{-34} \text{J} \cdot \text{s}$ 为普朗克常数；υ 为光的频率。

由式(10-1)可知，光的频率越高即波长越短，光子的能量就越大；反之，光的频率越低即波长越长，光子的能量就越小。

当光照射在物体上，会产生外光电效应，物体中的电子要逸出物体表面，其吸收入射光子的能量要能足以克服逸出功 W。即一个电子要逸出物体表面，产生光电子发射，光子的能量 E 必须超过逸出功 W，超出的能量表现为逸出电子的动能，根据能量守恒定理可得爱因斯坦光电效应方程：

$$E = \frac{1}{2}mv_0^2 + W \tag{10-2}$$

式中：m 为电子质量；v_0 为电子逸出速度。

由此可知，光电子能否逸出，取决于光子的能量是否大于该物体表面电子逸出功 W；逸出的光电子具有初始动能 $\frac{1}{2}mv_0^2$，因此外光电效应型的器件即使没有初始阳极电压，也会有光电流产生，若要使光电流为零，必须加负的截止电压；当入射光的频谱成分不变，产生的光电流和光强成正比。

2. 内光电效应

在光线作用下，物体的导电性能发生变化，或产生光生电动势的效应称为内光电效应。内光电效应分为光电导效应和光生伏特效应。

（1）光电导效应

当半导体受光照射后，其内部产生光生载流子，使得半导体中载流子数显著增加而电阻减小的现象称之为光电导效应。

（2）光生伏特效应

光生伏特效应是指在光线作用下，半导体材料产生一定方向电动势的现象。光生伏特效应可分为势垒效应（结光电效应）和侧向光电效应。

① 势垒效应。

在金属和半导体的接触区（或在 PN 结）中，电子受光子的激发脱离势垒（或禁带）的束缚而产生电子-空穴对，在阻挡层内电场的作用下电子移向 N 区外侧，使得 N 区带负电，空穴移向 P 区外侧，使得 P 区带正电，从而形成光生电动势，这种效应称为势垒效应。

② 侧向光电效应。

当光电器件敏感面受光照不均匀时，受光激发而产生的电子-空穴对的浓度也不均匀，电子向未被照射部分扩散，引起光照部分带正电、未被光照部分带负电的现象称为侧向光电效应。

基于外光电效应的光电敏感器件有光电管和光电倍增管。基于光电导效应的有光敏电阻。基于势垒效应的有光电二极管和光电三极管。基于侧向光电效应的有反转光敏二极管。

二、光电器件

常用光电器件有光电管、光电倍增管、光敏电阻、光敏二极管、光敏三极管和光电池。

1. 光电管

光电管是基于外光电效应的基本光电转换器件。光电管可使光信号转换成电信号。光电管分为真空光电管和充气光电管。真空光电管又称为电子光电管,充气光电管又称为离子光电管。

（1）光电管的结构与工作原理

真空光电管和充气光电管结构相似,如图 10-1 所示。它们由一个阴极和一个阳极构成,并且密封在一只真空玻璃管内。阴极装在玻璃管内壁上,其上涂有光电发射材料。阳极通常用金属丝弯曲成矩形或圆形,置于玻璃管的中央。光电管受光照发射电子的电路如图 10-2 所示。

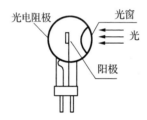

图 10-1　光电管的结构示意图

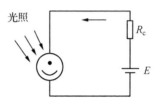

图 10-2　光电管受光照发射电子

（2）光电管的主要性能

光电管的性能主要由伏安特性、光照特性、光谱特性、响应时间、峰值探测率和温度特性来描述。

① 光电管的伏安特性。

在一定的光照射下,对光电管的阴极所加电压与阳极所产生的电流之间的关系称为光电管的伏安特性。光电管的伏安特性如图 10-3 所示,它是应用光电式传感器参数的主要依据。

② 光电管的光照特性。

当光电管的阳极和阴极之间所加电压一定时,光通量与光电流之间的关系称为光电管的光照特性,其特性曲线如图 10-4 所示。曲线 1 表示氧铯阴极光电管的光照特性,光电流 I 与光通量呈线性关系。曲线 2 表示锑铯阴极光电管的光照特性,光电流 I 与光通量呈非线性关系。光照特性曲线的斜率(光电流与入射光光通量之比)称为光电管的灵敏度。

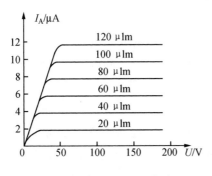
图 10-3 光电管的伏安特性

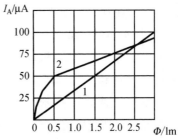
图 10-4 光电管的光照特性

③ 光电管的光谱特性。

由于光电阴极对光谱有选择性,因此光电管对光谱也有选择性。保持光通量和阴极电压不变,阳极电流与光波长之间的关系叫光电管的光谱特性。一般对于光电阴极材料不同的光电管,它们有不同的红限频率 ν_0,因此它们可用于不同的光谱范围。除此之外,即使照射在阴极上的入射光的频率高于红限频率 ν_0,并且强度相同,但随着入射光频率的不同,阴极发射的光电子的数量也会不同,即同一光电管对于不同频率的光的灵敏度不同,这就是光电管的光谱特性。所以,对各种不同波长区域的光,应选用不同材料的光电阴极。

2. 光电倍增管

光电倍增管是一种能将微弱的光信号转换成可测电信号的光电转换器件。它是一种具有极高灵敏度和超快响应时间的光探测器件。光电倍增管由光电发射阴极(光电阴极 K)、聚焦电极、电子倍增极和电子收集极(阳极 A)等组成,如图 10-5 所示。

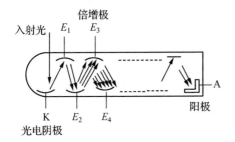

图 10-5 光电倍增管

当光照射到光电阴极时,光电阴极向真空中激发出光电子。这些光电子在聚焦极电场的作用下进入倍增系统,并进一步通过二次电子发射得到倍增放大,然后把放大后的电子用阳极收集作为信号输出。

因为采用了二次电子发射倍增系统,所以光电倍增管在探测紫外、可见和近红外区的辐射能量的光电探测器中,具有极高的灵敏度和极低的噪声。另外,光电倍增管还具有响应快速、成本低、阴极面积大等优点。

3. 光敏电阻

光敏电阻又称光导管,为纯电阻元件,其工作原理是基于光电导效应,其阻值随光照增强而减小。

（1）光敏电阻的工作原理

光敏电阻的工作原理是基于内光电效应。当光照射到光电导体上时,若光电导体为本征半导体材料,而且光辐射能量又足够强,光导材料价带上的电子将激发到导带上去,从而使导带的电子和价带的空穴增加,致使光导体的电导率变大。

（2）光敏电阻的结构

光敏电阻的结构如图 10-6 所示。管芯是一块安装在绝缘衬底上带有两个欧姆接触电极的光电导体。光电导体吸收光子产生的光电效应,只限于光照的表面薄层,虽然产生的载流子也有少数扩散到内部去,但扩散深度有限,因此光电导体一般都做成薄层。为了获得较高的灵敏度,光敏电阻的电极一般采用硫状图案,其结构和符号如图 10-7 所示。

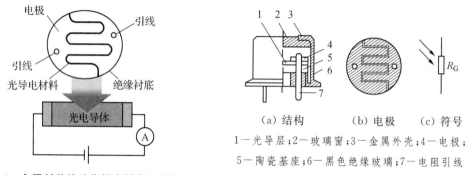

图 10-6　金属封装的硫化镉光敏电阻结构图

图 10-7　硫化镉(CdS)光敏电阻的结构和符号

1—光导层;2—玻璃窗;3—金属外壳;4—电极;
5—陶瓷基座;6—黑色绝缘玻璃;7—电阻引线

光敏电阻的灵敏度易受湿度的影响,因此要将导光电导体严密封装在玻璃壳体中。如果把光敏电阻连接到外电路中,在外加电压的作用下,用光照射就能改变电路中电流的大小,其连线电路如图 10-8 所示。

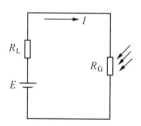

图 10-8　光敏电阻连接线路图

（3）光敏电阻的主要参数和基本特性

① 暗电阻、亮电阻、光电流。

将光敏电阻置于室温、全暗条件下,经过一段时间稳定后测得的阻值称为暗电阻。这时在给定的工作电压下测得的电流称为暗电流。

将光敏电阻置于室温和一定光照条件下,测得的稳定电阻值称为亮电阻。这时在给定的工作电压下测得的电流称为亮电流。

亮电流与暗电流之差即为光电流。

光敏电阻的暗电阻越大,而亮电阻越小,则性能越好。也就是说,暗电流越小,光电流越大,光敏电阻的灵敏度越高。实用的光敏电阻的暗电阻往往超过 1 MΩ,甚至高达 100 MΩ,

而亮电阻则在几千欧姆以下。暗电阻与亮电阻之比在 $10^2 \sim 10^6$ 之间,可见光敏电阻的灵敏度很高。

② 光照特性。

图 10-9 表示 CdS 光敏电阻的光照特性,即在一定的外加电压下,光敏电阻的光电流和光通量之间的关系。不同类型光敏电阻的光照特性不同,但光照特性曲线均呈非线性。因此,光敏电阻不宜作为定量检测元件,这是光敏电阻的不足之处。光敏电阻一般在自动控制系统中用作光电开关。

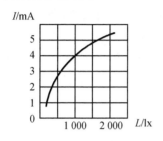

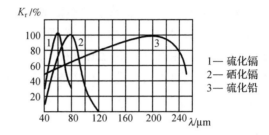

图 10-9　CdS 光敏电阻的光照特性　　　**图 10-10　光敏电阻的光谱特性**

③ 光谱特性。

光敏电阻的光谱特性是指入射光照度一定时,光敏电阻的相对灵敏度 K_r 随光波波长的变化而变化。光敏电阻的光谱特性与其材料有关。从图 10-10 中可知,硫化铅光敏电阻在较宽的光谱范围内均有较高的灵敏度,峰值在红外区域;硫化镉、硒化镉的峰值在可见光区域。因此,在选用光敏电阻时,应综合考虑光敏电阻的材料和光源的种类,才能获得满意的效果。

④ 伏安特性。

在一定的光照度下,加在光敏电阻两端的电压与电流之间的关系称为伏安特性。图 10-11 中曲线 1、2 分别表示照度为零及照度为某值时的伏安特性。由图 10-11 可知,在给定的电压下,光照度越大,光电流也越大。在一定的光照度下,所加的电压越大,光电流越大,而且无饱和现象。但是电压不能无限地增大,因为任何光敏电阻都受额定功率、最高工作电压和额定电流的限制。超过最高工作电压和最大额定电流,可能导致光敏电阻永久性损坏。

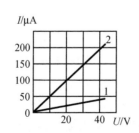

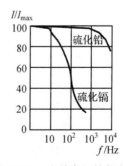

图 10-11　光敏电阻的伏安特性　　　**图 10-12　光敏电阻的频率特性**

⑤ 频率特性。

频率特性是指光敏电阻上的光电流对入射光调制频率的响应特性。这里所说的频率不是入射光的频率,而是指入射光强度(I)变化的频率。当光敏电阻受到脉冲光照射时,光电流要经过一段时间才能达到稳定值,而在停止光照后,光电流也不会立刻为零,这是光敏电阻的时延特性。由于不同材料的光敏电阻时延特性不同,所以它们的频率特性也不同,如图10-12所示。硫化铅的使用频率比硫化镉高得多,由于多数光敏电阻的时延都比较大,所以它不能用在要求快速响应的场合。

⑥ 稳定性。

图10-13中I为入射光强度,曲线1、2分别表示两种型号的CdS光敏电阻的稳定性。初制成的光敏电阻,由于其体内机构工作不稳定,以及电阻体与其介质的作用还没有达到平衡,所以性能不够稳定。但在人为地加温、光照及加负载的情况下,经过一至两周的老化,性能可达到稳定。光敏电阻在开始老化的过程中,有些样品阻值上升,有些样品阻值下降,但最后达到一个稳定值后就不再变化了。这是光敏电阻的主要优点。在密封良好、使用合理的情况下,光敏电阻的使用寿命几乎是无限长的。

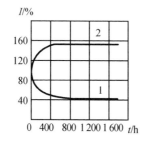

图10-13 光敏电阻的稳定性

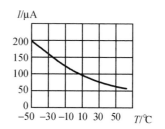

图10-14 光敏电阻的温度特性

⑦ 温度特性。

光敏电阻的性能(灵敏度、暗电阻)受温度的影响较大。随着温度的升高,其暗电阻和灵敏度下降,光谱特性曲线的峰值向波长短的方向移动。硫化镉的光电流I和温度T的关系如图10-14所示。有时为了提高灵敏度,或为了能够接收较长波段的辐射,将元件降温后使用。例如,可利用制冷器使光敏电阻的温度降低。

光敏电阻具有很高的灵敏度和很好的光谱特性,光谱响应可从紫外区到红外区,而且体积小、重量轻、性能稳定、机械强度高、耐冲击、耐振动、抗过载能力强、寿命长、价格便宜,因此应用比较广泛。

4. 光电池

光电池是利用光生伏特效应把光直接转换成电能的器件,是发电式有源元件。由于它可以把太阳能直接转换为电能,因此又称为太阳能电池。它有较大面积的PN结,当光照射在PN结上时,在结的两端出现电动势。

光电池的命名方式是把光电池的半导体材料的名称冠于光电池(或太阳能电池)之前,如硒光电池、砷化镓光电池、硅光电池等。目前,应用最广、最有发展前景的是硅光电池。

(1) 光电池的结构和工作原理

硅光电池的结构如图10-15所示。它是在一块N型硅片上用扩散的办法掺入一些P型杂质(如硼)形成 PN 结。当光照到 PN 结区时,如果光子能量足够大,将在结区附近激发出电子-空穴对,在 N 区聚积负电荷,在 P 区聚积正电荷,这样 N 区和 P 区之间出现电位差。若将 PN 结两端用导线连起来,电路中有电流流过,电流的方向由 P 区流经外电路至 N 区。若将外电路断开,就可测出光生电动势。

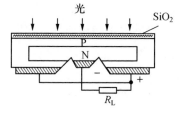 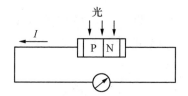

（a）光电池的结构图　　　　　（b）光电池的工作原理示意图

图 10-15　光电池的示意图

光电池的表示符号、基本电路及等效电路如图 10-16 所示。

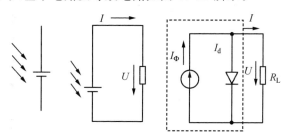

图 10-16　光电池的表示符号和基本工作电路

（2）光电池的基本特性

① 光照特性。

光生电动势与照度之间的特性曲线称为开路电压曲线,当照度为 2 000 lx 时趋向饱和。光电流与照度之间的特性曲线称为短路电流曲线。图 10-17(a)为硅光电池的光照特性,图 10-17(b)为硒光电池的光照特性。I_{SC} 为光生电流,U_{OC} 为光生电压。

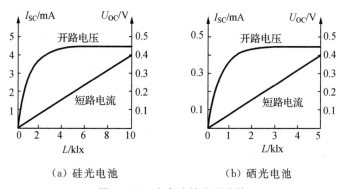

（a）硅光电池　　　　　　　（b）硒光电池

图 10-17　光电池的光照特性

② 光谱特性。

不同材料的光电池对光的灵敏度是不同的。图 10-18 中曲线 1 和曲线 2 分别为硒光电池和硅光电池的光谱特性曲线。由图 10-18 可看出,硒光电池在可见光谱范围内有较高的灵敏度,峰值波长在 540 nm 附近,适宜测可见光;硅光电池应用的范围为 400~1 100 nm,峰值波长在 850 nm 附近,因此硅光电池可以在很宽的范围内应用。

③ 频率特性。

光电池作为测量、计数、接收元件时常用调制光输入。光电池的频率响应是指输出电流随调制光频率变化的关系。由于光电池 PN 结面积较大,极间电容大,故频率特性较差。图 10-19 中曲线 1 和曲线 2 分别为硒光电池和硅光电池的频率响应曲线。由图 10-19 可知,硅光电池具有较高的频率响应,而硒光电池的频率响应较差。

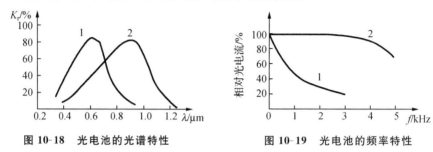

图 10-18　光电池的光谱特性　　　　图 10-19　光电池的频率特性

④ 温度特性。

光电池的温度特性是指开路电压和短路电流随温度变化的关系。由图 10-20 可知,开路电压与短路电流均随温度而变化,这将关系到应用光电池的仪器设备的温度漂移,影响测量或控制精度等主要指标,因此,当光电池作为测量元件时,最好能保持温度恒定,或采取温度补偿措施。

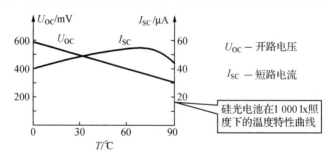

图 10-20　光电池的温度特性

⑤ 光敏二极管和光敏三极管。

光敏二极管、光敏三极管是电子电路中广泛采用的光敏器件。光敏二极管和普通二极管一样也具有一个 PN 结。光敏二极管装在透明玻璃外壳中,其 PN 结装在管的顶部,可以直接受到光照射,如图 10-21(a)所示。光敏二极管在电路中一般是处于反向工作状态,如图 10-21(b)所示。在没有光照射时,反向电阻很大,反向电流很小,这时反向电流称为暗电流。当光照射在 PN 结上时,光子打在 PN 结附近,使 PN 结附近产生光生电子和光生空穴对。它们在 PN 结的内电场作用下做定向运动,形成光电流。光的照度越大,光电流越大。因此,光敏二极管在不受光照射时,处于截止状态;受到光照射时,处于导通状态。

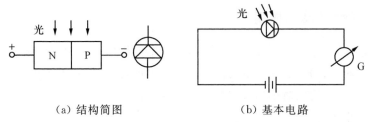

（a）结构简图　　　　　　（b）基本电路

图 10-21　光电二极管

光敏三极管的结构简图和基本电路如图 10-22 所示。光敏三极管有两个 PN 结。光敏三极管的基极和集电极的 PN 结相当于光敏二极管的 PN 结,受到光照射所产生的光电流作为基极电流,因此光敏三极管没有基极,只有集电极和发射极两个引脚。光敏三极管有放大作用,其灵敏度比光敏二极管高。

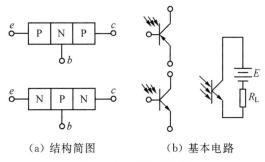

（a）结构简图　　　（b）基本电路

图 10-22　光敏三极管

光敏二极管与光敏三极管的外壳形状基本相同,其区分方法如下:遮住窗口,选用万用表 1 K 挡,测两个引脚之间的正、反向电阻,均为无穷大的为光敏三极管,正、反向阻值一大一小者为光敏二极管。

⑥ 其他光电器件。

光电耦合器:发光元件和接收元件都封装在一个外壳内,以光为媒介,实现输入电信号耦合到输出端,如图 10-23(a)所示。

光电开关:在制造业自动化包装线及安全装置中作为光控制和光探测装置,可实现限位控制、产品计数、料位检测、越限安全报警等功能,或作为计算机输入接口,如图 10-23(b)(c)所示。

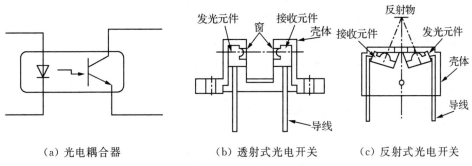

（a）光电耦合器　　　　（b）透射式光电开关　　　　（c）反射式光电开关

图 10-23　光电耦合器和光电开关

三、光电式传感器的应用

光电式传感器属于非接触式测量传感器,具有结构简单、可靠性高、精度高、反应快和使用方便等特点。随着新光源、新光电元器件的不断出现,光电传感器被越来越广泛地应用于检测和控制领域中,常用来对烟雾、浊度、转速等进行检测。

1. 烟尘浊度监测仪

防止工业烟尘污染是环保的重要任务之一。为了消除工业烟尘污染,首先要知道烟尘排放量,因此必须对烟尘源进行监测、自动显示和超标报警。烟道里的烟尘浊度是通过光在烟道里传输过程中的变化来检测的。如果烟道浊度增加,光源发出的光被烟尘颗粒吸收或折射,到达光检测器的光减少,因而光检测器输出信号的强弱便可反映烟道浊度的变化。

2. 条形码扫描笔

当扫描笔头在条形码上移动,遇到黑色线条时,发光二极管的光线将被黑线吸收,光敏三极管接收不到反射光,呈高阻抗,处于截止状态。当遇到白色间隔时,发光二极管所发出的光线被反射到光敏三极管的基极,光敏三极管产生光电流而导通。整个条形码被扫描过之后,光敏三极管将条形码变成一个个电脉冲信号,该信号经放大、整形后便形成脉冲列,再经计算机处理,完成对条形码信息的识别。

3. 产品计数器

产品在传送带上运行时,不断地遮挡光源到光电传感器的光路,使光电脉冲电路产生一个个电脉冲信号。产品每被遮光一次,光电传感器电路便产生一个脉冲信号,因此,输出的脉冲数即代表产品的数目,该脉冲经计数电路计数并由显示电路显示出来。

4. 光电式烟雾报警器

没有烟雾时,发光二极管发出的光线沿直线传播,光敏三极管没有接收信号,没有输出。有烟雾时,发光二极管发出的光线被烟雾颗粒折射,使三极管接收到光线,有信号输出,发出报警。

5. 测量转速

在电动机的旋转轴上涂上黑白两种颜色,电动机转动时,反射光与不反射光交替出现,光电传感器相应地间断接收光的反射信号,并输出间断的电信号,再经放大器及整形电路放大整形后输出方波信号,最后由电子数字显示器输出电机的转速。

6. 光电池在光电检测和自动控制方面的应用

光电池作为光电探测器使用时,其基本原理与光敏二极管相同,但它们的基本结构和制造工艺不完全相同。由于光电池工作时不需要外加电压,具有光电转换效率高、光谱范围宽、频率特性好、噪声低等优点,已广泛地应用于光电读出、光电耦合、光栅测距、激光准直、电影还音、紫外光监视器和燃气轮机的熄火保护装置等。

项目实施

实操一 光电式转速传感器的转速测量实操

一、实操目的

了解用光电式转速传感器测量转速的原理及方法。

二、实操仪器

转动源、光电式传感器、直流稳压电源、频率/转速表、示波器。

三、实操原理

光电式转速传感器有反射型和透射型两种。本实操装置是透射型的,传感器端部有发光管和光电池,发光管发出的光源通过转盘上的孔透射到光电管上,并转换成电信号。由于转盘上有等间距的 6 个透射孔,转动时将获得与转速及透射孔个数有关的脉冲,将脉冲处理即可得到转速值。

四、实操内容与步骤

① 光电式传感器已安装在转动源上,如图 10-24 所示。＋5 V 电源接到三源板"光电"输出的电源端,"光电"输出接到频率/转速表的"fin"。

② 打开实操台电源开关,用不同的电源驱动转动源转动,记录不同驱动电压对应的转速,填入表 10-1 中,同时可通过示波器观察光电式传感器的输出波形。

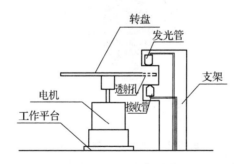

图 10-24 光电式传感器转速测量实操装置

表 10-1 数据记录

驱动电压 U/V	4	6	8	10	12	16	20	24
转速 n/rpm								

五、实操报告

根据测得的驱动电压和转速,作出 U-n 曲线,并与由其他传感器测得的曲线进行比较。

实操二　光敏电阻特性测试实操

一、实操目的

了解光敏电阻的基本原理和特性。

二、实操设备

光电式传感器实操模块、直流稳压电源、恒流源、万用表。

三、实操原理

光敏电阻的工作原理是基于光电导效应。在无光照时,光敏电阻具有很大的阻值;在有光照时,当光子的能量大于材料的禁带宽度时,价带中的电子吸收光子能量后跃迁到导带,激发出电子-空穴对,使电阻降低;入射光愈强,激发出的电子-空穴对越多,电阻值越低;光照停止后,自由电子与空穴复合,导电性能下降,电阻恢复原值。光敏电阻通常是用半导体材料 CdS 或 CdSe 等制成。图 10-25 为光敏电阻的原理结构,它是由涂于玻璃底板上的一薄层半导体物质构成,半导体上装有梳状电极。由于存在非线性,因此光敏电阻一般用在控制电路中,不宜用作测量元件。

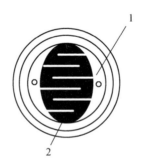

1—光导体;2—梳状电极

图 10-25　光敏电阻原理结构图

发光二极管输出光功率 P 与驱动电流 I 的关系如下:

$$P = \frac{\eta E_{p} I}{e} \tag{10-3}$$

其中:η 为发光效率;E_{p} 为光子能量;e 为电子电荷常数。

输出光功率与驱动电流呈线性关系,因此本实操用一个驱动电流可调的红色超高亮度发光二极管作为实操用的光源。

四、实操内容与步骤

① 将光敏电阻置于光电式传感器模块上的暗盒内,其两个引脚引到面板上。暗盒的另一端装有发光二极管,通过驱动电流控制暗盒内的光照度。

② 连接实操台恒流源输出到光电式传感器模块驱动 LED,电流大小通过直流毫安表内侧检测,用万用表的欧姆挡测量光敏电阻阻值。

③ 打开实操台电源,通过改变 LED 的驱动电流,调节发光二极管亮度,并将光敏电阻阻值记入表 10-2 中。完成光敏电阻 R_G 与输入光信号强度 I 关系特性的测定。

表 10-2　数据记录

I/cd												
R_G/Ω												

五、实操报告

根据实操数据,作出 R_G-I 曲线。

实操三　硅光电池特性测试实操

一、实操目的

了解光电二极管的原理和特性。

二、实操仪器

光电传感器实操模块、恒流源、直流稳压电源、数显单元、万用表。

三、实操原理

光电二极管主要是利用物质的光电效应,即当物质在一定频率的光照射下,释放出光电子的现象。当光照射半导体材料的表面时,会被这些材料内的电子所吸收,如果光子的能量足够大,吸收光子后的电子可挣脱原子的束缚而溢出材料表面,这种电子称为光电子,这种现象称为光电子发射,又称为外光电效应。当外加偏置电压与 PN 结内电场方向一致,PN结及其附近被光照射时,就会产生载流子(即电子-空穴对)。结区内的电子-空穴对在势垒区电场的作用下,电子被拉向 N 区,空穴被拉向 P 区而形成光电流。当入射光强度变化时,光生载流子的浓度及通过外回路的光电流也随之发生相应的变化。这种变化在入射光强度很大的动态范围内仍能保持线性关系。

当没有光照射时,光电二极管相当于普通的二极管。其伏安特性是

$$I=I_s(e^{\frac{eV}{kT}}-1)=I_s\left[\exp\left(\frac{eV}{kT}\right)-1\right] \tag{10-4}$$

式中:I 为流过二极管的总电流;I_s 为反向饱和电流;e 为电子电荷;k 为玻耳兹曼常量;T 为工作绝对温度;V 为加在二极管两端的电压。

对于外加正向电压,I 随 V 指数增长,称为正向电流;当外加电压反向时,在反向击穿电压内,反向饱和电流基本上是一个常数。

当有光照射时,流过 PN 结两端的电流可由下式确定:

$$I = I_s(e^{\frac{eV}{kT}} - 1) + I_p = I_s\left[\exp\left(\frac{eV}{kT}\right) - 1\right] + I_p \qquad (10\text{-}5)$$

式中：I 为流过光电二极管的总电流；I_s 为反向饱和电流；V 为 PN 结两端的电压；T 为工作绝对温度；I_p 为产生的反向光电流。

从式(10-5)中可以看到，当光电二极管处于零偏时，$V=0$，流过 PN 结的电流 $I=I_p$；当光电二极管处于负偏时(在本实操中取 $V=-4$ V)，流过 PN 结的电流 $I=I_p-I_s$。因此，当光电二极管用作光电转换器时，必须处于零偏或负偏状态。

图 10-26 是光电二极管光电信号接收端的工作原理框图，光电二极管把接收到的光信号转变为与之成正比的电流信号，再经 I/V 转换模块把光电流信号转换成与之成正比的电压信号。

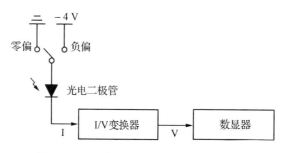

图 10-26　光电二极管光电信号接收框图

四、实操内容与步骤

① 将光电二极管置于光电传感器模块上的暗盒内，其两个引脚引到面板上。通过实操导线将光电二极管接到光电流/电压转换电路的 VD 两端，光电流/电压转换器输出接直流电压表 20 V 挡。

② 打开实操台电源，将+15 V 电源接入传感器应用实操模块。将光敏二极管"+"极接地或者-15 V。

③ 0～20 mA 恒流源接 LED 两端，通过调节 LED 驱动电流改变暗盒内的光照强度。将光电流/电压转换输出 U_o 记录在表 10-3 中。

表 10-3　数据记录

I/cd									驱动电流
U_{o1}/V									零偏
U_{o2}/V									负偏

五、实操报告

根据表 10-3 中记录的数据，作出 I-U_o 曲线。

项目拓展

一、烟尘浊度监测仪

防止工业烟尘污染是环保的重要任务之一。为了消除工业烟尘污染,首先要知道烟尘排放量,因此必须对烟尘源进行监测、自动显示和超标报警。烟道里的烟尘浊度是通过光在烟道中传输时信号的变化来检测的。如果烟道浊度增加,光源发出的光被烟尘颗粒的吸收和折射增加,到达光检测器的光减少,因而光检测器输出信号的强弱便可反映烟道浊度的变化。吸收式烟尘浊度检测系统原理如图 10-27 所示。

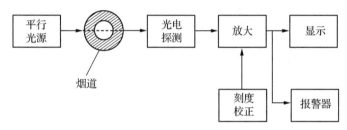

图 10-27　吸收式烟尘浊度检测系统原理图

二、红外线辐射温度计

辐射温度计属于非接触式测温仪表,是基于物体的热辐射特性与温度之间的对应关系设计而成。其特点为:测温范围广,原理和结构复杂;测量时,感温元件不与被测对象直接接触,不破坏被测对象的温度场;通常用来测定 1 000 ℃ 以上的移动、旋转或反应迅速的高温物体的温度或表面温度;但不能直接测量被测对象的真实温度,且所测温度受物体发射率、中间介质和测量距离等因素影响。

1. 红外线辐射测温原理

自然界中一切温度高于绝对零度(−273.15 ℃)的物体,由于分子的热运动,都在不停地向周围空间辐射包括红外波段在内的电磁波,其辐射能量密度与物体本身的温度关系符合辐射定律。

如图 10-28 所示,红外线辐射温度计的工作原理是基于四次方定律,通过检测物体辐射的红外线的能量,推知物体的辐射温度。在红外热辐射温度传感器中,作为测量元件的热电堆将红外线的能量转换为热电,经过信号处理后作为检测信号输出。

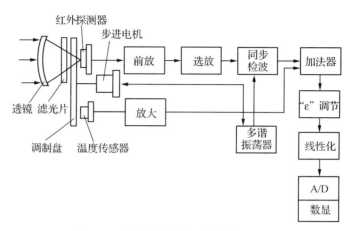

图 10-28 红外线辐射温度计测温原理图

2. 红外线辐射温度计结构

红外线辐射温度计由光学系统、光电探测器、信号放大器及信号处理、显示输出等部分组成。光学系统汇聚其视场内的目标红外辐射能量，红外能量聚焦在光电探测器上并转换为相应的电信号，该信号再经换算转换为被测目标的温度值。

图 10-29 为红外线辐射温度计的外观及工作原理。被测物体的辐射线由物镜聚焦在受热板上。受热板是一种人造黑体，通常为涂黑的铂片，当吸收辐射能量后温度升高，由连接在受热板上的热电偶、热电阻或热敏电阻测定温度。

通常被测物体是灰体，以黑体辐射作为基准进行刻度标定，已知被测物体的黑度值，灰体辐射的总能量全部被黑体所吸收，这样它们的能量相等，但温度不同。

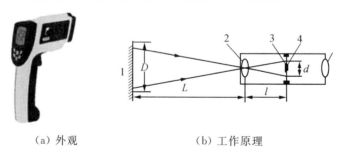

　　(a) 外观　　　　　　　　(b) 工作原理

1—被测物体；2—物镜；3—受热板；4—热电偶；5—目镜

图 10-29 红外线辐射温度计

3. 辐射温度计在工业生产中的应用

辐射温度计在现代工业生产中的应用较为广泛，尤其是冶金、铸造、医疗、食品等行业，但是由于其所运用的测温原理较为复杂，能够熟练使用它的人也比较少，这就需要企业工作人员进一步了解辐射温度计的原理及工作方式，发挥其最大的有效使用价值。首先，就是要依据生产的实际要求来选择合适的辐射温度计的种类。每一种辐射温度计所使用的范围都不一样，并且都存在一个最适宜的温度范围，一旦用于这个范围以外的温度环境中，就会对其测温的精准度产生或多或少的影响，对工业生产效率与产品质量造成影响。比如，医疗领域所运用的红外体温计的测温环境就与冶金行业的温度环境相差很大，二者所使用的辐射温度计种类就完全不同,错误使用会使所测数据严重失真。所以使用者必须明确辐射温度计的具体使用范围,选择正确的辐射温度计类型。其次,使用时还要注意辐射温度计与被测物体之间的距离,选取最优的距离进行测温会更有利于获得精准的温度数据。这个距离的确定要综合考虑被测物体的尺寸影响因素和测量人员的人身安全因素,在进行测温的同时也要保证该距离不会对人的身体健康产生影响。最后,还应注意测温环境的影响。如果测温现场中粉尘等影响因素较大,则需要提前对环境进行清理,以创造一个无客观因素干扰和阻碍的测温环境。

 练习题

    1. 光电效应有哪几种? 与之对应的光电元件有哪些?

    2. 光电传感器有哪几种类型?

    3. 什么是外光电效应、光电导效应、光生伏特效应?

    4. 比较光电池、光敏晶体管、光敏电阻及光电倍增管在使用性能上的差别。

    5. 简述光电传感器的主要形式及其应用。

项目十一 光纤传感器

① 了解光纤的传光原理。

② 掌握光纤传感器的工作原理。

③ 熟悉光纤传感器的结构、特性和分类。

④ 了解光纤传感器的应用范围。

通过对光纤传感器原理的学习，在掌握实操技能的基础上，实现光纤传感器对位移、速度和加速度等参数的测量。

在 THSRZ-2 型传感器实操台上按照要求进行光纤传感器实操训练，并测量位移、速度和加速度等参量。

光导纤维简称光纤，是 20 世纪 70 年代的重要发明，它与激光器、半导体光探测器一起构成光纤传感器。光纤能够大容量、高效率地传输光信号，实现以光代电传输信息。由于光纤传感器具有灵敏度高、频带宽、动态测量范围大、抗干扰能力强、耐高温、体积小等优点，其被广泛应用于位移、速度、加速度、压力、温度、液位、流量、电磁场等物理量的测量。

一、光纤的结构

光纤结构十分简单，它是一种具有多层介质结构的对称圆柱体，圆柱体由纤芯、包层和保护套组成，如图 11-1 所示。

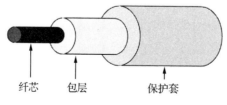

纤芯　　包层　　保护套

图 11-1　光纤结构图

纤芯材料的主体是二氧化硅或塑料,其直径为 $5\sim75~\mu m$。纤芯的折射率较高,用于传输光。围绕纤芯的是一层圆柱形包层(套层),包层可以是单层结构,也可以是多层结构,层数取决于光纤的应用场所,但总直径控制在 $100\sim200~\mu m$。包层的折射率较低,与纤芯一起形成全反射条件。包层外面还要涂上硅铜或丙烯酸盐涂料,强度大,能承受较大冲击,其作用是保护光纤不受损害,增加光纤的机械强度。

二、光纤的分类

光纤按材料可分为玻璃光纤和塑料光纤;按折射率分布可分为阶跃型光纤和渐变型光纤。阶跃型光纤纤芯的折射率不随半径而改变,但在铅芯与包层界面处折射率有突变。渐变型光纤纤芯的折射率沿径向由中心向外呈抛物线由大到小,至界面处与包层折射率一致。光纤按传播模式可分为单模光纤和多模光纤(可传播多条光线)。

三、光纤的传光原理

1. 光在光纤中传输的原理

众所周知,光在同种均匀介质中是沿直线传播的。在光纤中,光的传输限制在光纤中,并随着光纤能传送很远的距离,光纤的传输是基于光的全内反射。设有一段圆柱形光纤,如图 11-2 所示,它的两个端面均为光滑的平面。当光线射入一个端面并与圆柱的轴线成 θ_i 角时,在端面发生折射进入光纤后,又以 φ_i 角入射至纤芯与包层的界面,光线有一部分透射到包层,一部分反射回纤芯。但当入射角 θ_i 小于临界入射角 θ_c 时,光线就不会透射界面,而全部被反射,光在纤芯和包层的界面上反复逐次全反射,呈锯齿波形状在纤芯内向前传播,最后从光纤的另一端面射出,这就是光纤的传光原理。

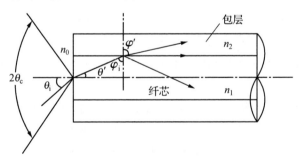

图 11-2　光在光纤中传播的原理图

根据斯涅耳(Snell)光的折射定律,由图 11-2 可得

$$n_0\sin\theta_i = n_1\sin\theta' \tag{11-1}$$

$$n_1\sin\varphi_i = n_2\sin\varphi' \tag{11-2}$$

式中:n_0 为光纤外界介质的折射率。

若要在纤芯和包层的界面上发生全反射,则界面上的光线临界折射角 $\varphi_c = 90°$,即 $\varphi' \geqslant \varphi_c = 90°$。而

$$n_1 \sin\theta' = n_1 \sin\left(\frac{\pi}{2} - \varphi_i\right) = n_1 \cos\varphi_i = n_1 \sqrt{1 - \sin\varphi_i^2}$$

$$= n_1 \sqrt{1 - \left(\frac{n_2}{n_1}\sin\varphi'\right)^2} \tag{11-3}$$

当 $\varphi' = \varphi_c = 90°$ 时,有

$$n_1 \sin\theta' = \sqrt{n_1^2 - n_2^2} \tag{11-4}$$

所以,为满足光在光纤内的全内反射,入射到光纤端面的入射角 θ_i 应满足:

$$\theta_i \leqslant \theta_c = \arcsin\left(\frac{1}{n_0}\sqrt{n_1^2 - n_2^2}\right) \tag{11-5}$$

一般光纤所处环境为空气,则 $n_0 = 1$,这样式(11-5)可表示为

$$\theta_i \leqslant \theta_c = \arcsin\sqrt{n_1^2 - n_2^2} \tag{11-6}$$

实际工作时需要光纤弯曲,但只要满足全反射条件,光线仍然继续前进。可见这里的光线"转弯"实际上是由光的全反射所形成的。

2. 光纤的基本特性

光纤的基本特性可分为几何特性、光学特性和传输特性三类。几何特性包括纤芯与包层的直径、偏心度和不圆度;光学特性主要有折射率分布、数值孔径、模场直径和截止波长;传输特性主要有损耗、带宽和色散。这里主要介绍数值孔径(NA)。

数值孔径(NA)定义为

$$NA = \sin\theta_c = \frac{1}{n_0}\sqrt{n_1^2 - n_2^2} \tag{11-7}$$

数值孔径是表征光纤集光能力的一个重要参数,即反映光纤接收光量的多少。其意义是:无论光源发射功率有多大,只有入射角处于 $2\theta_c$ 的光锥角内,光纤才能导光。若入射角过大,光线便从包层逸出而产生漏光。光纤的 NA 越大,表明它的集光能力越强。一般希望有大的数值孔径,这有利于提高耦合效率;但数值孔径过大,会造成光信号畸变。所以要适当选择数值孔径的数值,如石英光纤数值孔径一般为 0.2~0.4。

3. 光纤模式

光纤模式是指光波传播的途径和方式。对于不同入射角度的光线,在界面反射的次数是不同的,传递的光波之间的干涉所产生的横向强度分布也是不同的,这就是传播模式不同。在光纤中传播模式过多不利于光信号的传播,因为同一种光信号采取很多模式传播,将使一部分光信号分为多个不同时间到达接收端的小信号,从而导致合成信号畸变,因此光纤信号模式数量要尽量少。

一般纤芯直径为 2~12 μm,只能传输一种模式,称为单模光纤。这类光纤的传输性能好,信号畸变小,信息容量大,线性好,灵敏度高,但由于纤芯尺寸小,制造、连接和耦合都比较困难。直径较大(50~100 μm)的纤芯,传输模式较多,称为多模光纤。这类光纤的性能较差,输出波形有较大的差异,但由于纤芯截面积大,故容易制造,连接和耦合比较方便。

4. 光纤传输损耗

光纤传输损耗主要来源于材料吸收损耗、散射损耗和光波导弯曲损耗。

目前常用的光纤材料有石英玻璃、多成分玻璃、复合材料等。由于这些材料存在的杂质离子、原子等都会吸收光,从而造成材料吸收损耗。

散射损耗主要是由于材料密度及浓度不均匀引起的。这种散射与波长的四次方成反比,因此散射随着波长的缩短而迅速增大。所以可见光波段并不是光纤传输的最佳波段,在近红外波段($1\sim1.7~\mu m$)有最小的传输损耗。因此长波长光纤已成为目前发展的方向。光纤拉制时粗细不均匀,造成纤维尺寸沿轴线变化,同样会引起光的散射损耗。另外,纤芯和包层界面不光滑、有污染等,也会造成严重的散射损耗。

光波导弯曲损耗是使用过程中可能产生的一种损耗。光波导弯曲会引起传输模式的转换,激发高阶模进入包层产生损耗。当弯曲半径大于 10 cm 时,损耗可忽略不计。

四、光纤传感器

1. 光纤传感器的工作原理及组成

光纤传感器的工作原理实际上是研究光在调制区内,外界信号(温度、压力、应变、位移、振动、电场等)与光的相互作用,即研究光被外界参数调制的原理。外界信号可能引起光的强度、波长、频率、相位、偏振态等光学性质的变化,从而形成不同的调制。

光纤传感器由光源、敏感元件(光纤或非光纤的)、光探测器、信号处理系统以及光纤等组成。如图 11-3 所示,由光源发出的光通过源光纤引到敏感元件,被测参数作用于敏感元件,在光的调制区内,使光的某一性质受到被测量的调制,调制后的光信号经接收光纤耦合到光探测器,将光信号转换为电信号,最后经信号处理得到所需要的被测量。

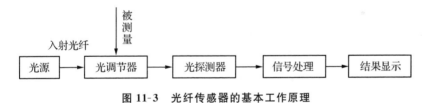

图 11-3　光纤传感器的基本工作原理

2. 光纤传感器的分类

光纤传感器一般分为两大类:一类是利用光纤本身的某种敏感特性或功能制成的传感器,称为功能型(Functional Fiber,缩写为 FF)传感器,又称为传感型传感器;另一类是光纤仅仅起传输光的作用,在光纤端面或中间加装其他敏感元件感受被测量的变化,这类传感器称为非功能型(Non Functional Fiber,缩写为 NFF)传感器,又称为传光型传感器。光纤传感器的组成如图 11-4 所示。

功能型传感器是利用光纤本身对外界被测对象具有敏感能力和检测功能(光纤不仅起到传光作用),在被测对象的作用下,如光强、相位、偏振态等光学特性,得到调制,调制后的信号携带了被测信息。

非功能型传感器的用途要多于功能型传感器,而且非功能型传感器的制作和应用也比较容易,所以目前非功能型传感器的品种较多。功能型传感器的设计和原理往往比较巧妙,可解决一些特别棘手的问题。但无论使用哪一种传感器,最终都是利用光探测器将光纤的输出变为电信号。

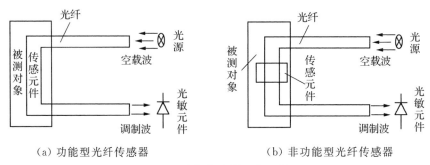

（a）功能型光纤传感器　　　　　　　　（b）非功能型光纤传感器

图 11-4　光纤传感器组成示意图

3. 光纤传感器的应用

（1）光纤加速度传感器

光纤加速度传感器的组成结构如图 11-5 所示，它是一种简谐振子的结构形式。激光束通过分光板后分为两束光，透射光作为参考光束，反射光作为测量光束。当传感器感受加速度时，由于质量块对光纤的作用，使光纤被拉伸，引起光程差的改变。相位改变的激光束由单模光纤射出后与参考光束会合产生干涉效应。激光干涉仪干涉条纹的移动可由光电接收装置转换为电信号，经过信号处理电路处理后便可正确地测出加速度值。

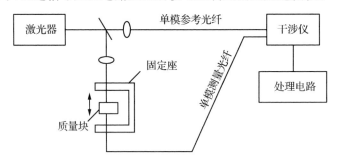

图 11-5　光纤加速度传感器结构简图

（2）光纤温度传感器

光纤温度传感器是目前应用范围仅次于加速度传感器、压力传感器的光纤传感器。根据工作原理可分为相位调制型、光强调制型和偏振光型等。这里仅介绍光强调制型的半导体光吸收型光纤传感器，图 11-6 为这种传感器的结构原理图。该传感器是由半导体光吸收器、光纤、光源和包括光探测器在内的信号处理系统等组成。光纤用来传输信号，半导体光吸收器是光敏感元件，在一定的波长范围内，它对光的吸收随温度的变化而变化。图 11-7 为半导体的光透过率特性。半导体材料的光透过率特性曲线随温度的增加而向长波方向移动。如果适当地选定一种在该材料工作波长范围内的光源，那么就可以使透射过半导体材料的光强随温度而变化，探测器检测输出光强的变化即达到测量温度的目的。

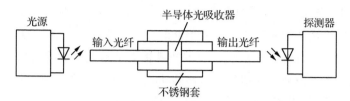

图 11-6　半导体光吸收型光纤温度传感器结构原理图

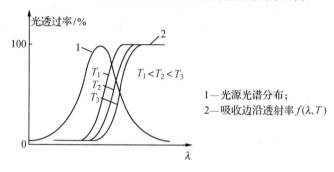

图 11-7　半导体的光透过率特性

这种半导体光吸收型光纤传感器的测量范围随半导体材料和光源而变化,一般在 $-100\ ℃\sim300\ ℃$ 温度范围内进行测量,响应时间约为 2 s。它的特点是体积小、结构简单、响应快、工作稳定、成本低、便于推广应用。

（3）光纤旋涡流量传感器

光纤旋涡流量传感器是将一根多模光纤垂直地装入管道,当液体或气体流经与其垂直的光纤时,光纤受到流体涡流的作用而振动,振动的频率与流速有关,测出频率就可知流速。光纤旋涡流量传感器结构示意图如图 11-8 所示。

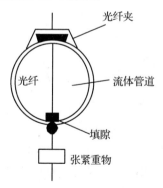

图 11-8　光纤旋涡流量传感器结构示意图

当流体的运动受到一个垂直于流动方向的非流线体阻碍时,根据流体力学原理,在某些条件下,在非流线体的下游两侧产生有规则的旋涡,其旋涡的频率 f 与流体的流速可表示为

$$f = S_t \frac{v}{d} \tag{11-8}$$

式中:v 为流体流速;d 为流体中物体的横向尺寸大小;S_t 为斯特罗哈尔(Strouhal)系数,它是一个无量纲的常数,仅与雷诺数有关。

在多模光纤中,光以多种模式进行传输,在光纤的输出端,各模式的光形成干涉图样,即光斑。一根没有外界扰动的光纤所产生的干涉图样是稳定的,当光纤受到外界扰动时,干涉图样明暗相间的斑纹或斑点发生移动。如果外界扰动是由流体的涡流引起的,那么干涉图样斑纹或斑点就会随着振动的周期变化来回移动,这时测出斑纹或斑点的移动,即可获得对应于振动频率 f 的信号,根据式(11-8)可推算出流体的流速 v。

这种流量传感器可测量液体和气体的流量,因为传感器没有活动部件,测量可靠,而且对流体流动不产生阻碍作用,因此压力损耗非常小。这些特点是孔板、涡轮等许多传统流量计所无法比拟的。

项目实施

实操一　光纤传感器位移特性实操

一、实操目的

了解反射式光纤位移传感器的原理与应用。

二、实操仪器

光纤位移传感器模块、Y 型光纤传感器、测微头、反射面、直流电源、数显电压表。

三、实操原理

反射式光纤位移传感器是一种传输型光纤传感器。其原理如图 11-9 所示,光纤采用 Y 型结构,两束光纤一端合并在一起组成光纤探头,另一端分为两支,分别作为光源光纤和接收光纤。光从光源耦合到光源光纤,通过光纤传输,射向反射面,再被反射到接收光纤,最后由光电转换器接

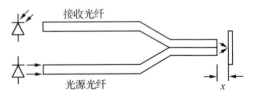

图 11-9　反射式光纤位移传感器原理

收,转换器接收到的光源与反射体表面的性质及反射体到光纤探头的距离有关。当反射表面位置确定后,接收到的反射光光强随光纤探头到反射体的距离的变化而变化。显然,当光纤探头紧贴反射面时,接收器接收到的光强为零。随着光纤探头离反射面距离的增加,接收到的光强逐渐增加,到达最大值点后又随两者的距离增加而减小。反射式光纤位移传感器是非接触式测量,具有探头小、响应速度快、测量线性化(在小位移范围内)等优点,可在小位移范围内进行高速位移检测。

四、实操内容与步骤

① 光纤位移传感器的安装如图 11-10 所示,将 Y 型光纤安装在光纤位移传感器实操模

块上,探头对准镀铬反射板,调节光纤探头端面与反射面平行,距离适中;固定测微头,接通电源预热数分钟。

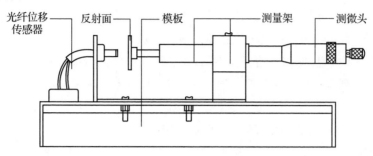

图 11-10 光纤位移传感器安装示意图

② 将测微头起始位置调到 14 cm 处,手动调节使反射面与光纤探头端面紧密接触,固定测微头。

③ 实操模块从主控台接入 ±15 V 电源,打开实操台电源。

④ 将模块输出 U_o 接到直流电压表 20 V 挡,仔细调节电位器 R_w 使电压表显示为零。

⑤ 旋动测微器,使反射面与光纤探头端面距离增大,每隔 0.1 mm 读一次输出电压 U_o 值,填入表 11-1 中。

表 11-1 数据记录

X/mm										
U_o/V										

五、实操报告

根据所得的实操数据,确定光纤位移传感器大致的线性范围,并给出其灵敏度和非线性误差。

实操二 光纤传感器测速实操

一、实操目的

了解用光纤位移传感器测量转速的方法。

二、实操仪器

光纤位移传感器模块、Y 型光纤传感器、直流稳压电源、数显直流电压表、频率/转速表、转动源、示波器。

三、实操原理

利用光纤位移传感器探头对旋转的被测物反射光的明显变化产生电脉冲,经电路处理即可测量转速。

四、实操内容与步骤

① 将光纤传感器安装在转动源传感器支架上,使光纤探头对准转动盘边缘的反射点,探头距离反射点 1 mm 左右(在光纤传感器的线性区域内)。

② 用手拨一下转盘,使探头避开反射面(避免产生暗电流),接好实操模块±15 V 电源,将模块输出 U_o 接到直流电压表的输入端。调节 R_w 使直流电压表显示为零。(R_w 确定后不能改动)

③ 将模块输出 U_o 接到频率/转速表的输入"fin"。

④ 打开主控台电源,选择不同电源+4 V、+6 V、+8 V、+10 V、12 V(±6)、16 V(±8)、20 V(±10)、+24 V 驱动转动源,可以观察到转动源转速的变化,并填入表 11-2 中。也可用示波器观测光纤传感器模块输出的波形。

表 11-2 数据记录

驱动电压 U_o/V	4	6	8	10	12	16	20	24
转速 n/rpm								

五、实操报告

① 分析用光纤传感器测量转速的原理。

② 根据记录的驱动电压和转速,作出 U_o-n 曲线。

六、注意事项

请勿将光纤折成锐角,以免造成光纤内部断裂。尤其要注意保护端面,否则会使光通量衰耗加大而造成灵敏度下降。

实操三 光纤传感器振动测量实操

一、实操目的

了解光纤传感器动态位移性能。

二、实操仪器

光纤位移传感器、光纤位移传感器实操模块、振动源、低频振荡器、通信接口(含上位机软件)。

三、实操原理

利用光纤位移传感器的位移特性和其较高的频率响应,用合适的测量电路即可测量振动。

四、实操内容与步骤

① 接好实操模块上的±15 V电源以及模块输出示波器。将振荡器的"U_{s2}输出"接到振动源的低频输入端,并把U_{s2}幅度调节旋钮调到$\frac{3}{4}$位置,U_{s2}频率调节旋钮调到最小位置。光纤位移传感器的安装如图11-11所示,将光纤探头对准振动平台的反射面,并避开振动平台中间孔。

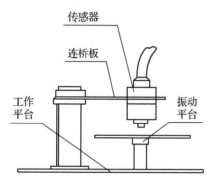

图 11-11 光纤位移传感器安装图

② 打开实操台电源,调节U_{s2}频率旋钮使振动源振幅达到最大(目测),调节传感器支架的高度使光纤传感器探头刚好不碰到振动平台。

③ 将光纤传感器另一端的两根光纤插到光纤位移传感器实操模块上。

④ 改变U_{s2}输出频率(用转速/频率表的转速挡检测。注:转速挡显示的也是频率,精度比频率挡高),通过示波器观察输出波形,并记下输出波形及其幅值。将相关数据记入表11-3中。

表 11-3 数据记录

振动频率 f/Hz	3	5	7	8	9	10	11	12	13	14	15	16	17	18	19	20	30
V_{p-p}/V																	

五、实操报告

分析用霍尔传感器测量振动的波形,作出f-V_{p-p}曲线,找出振动源的固有频率。

六、注意事项

激励信号频率达到振动源固有频率点附近可以多测量几个点。

项目拓展

微弯光纤传感器(功能型光纤传感器)

微弯光纤传感器是利用光纤中的微弯损耗来探测外界物理的变化。光纤在受到外界因素干扰导致微弯时,一部分芯模能量会转化为包层模能量,通过测量包层模能量或芯模能量的变化来测量位移或振动等。

如图 11-12 所示,微弯光纤传感器是由一个能引起光纤产生微弯的变形器和敏感光纤组成。其中变形器通常是一对具有周期性的齿形板,敏感光纤从齿形板中间穿过。在齿形板的作用下产生周期性的弯曲。当齿形板受外部扰动时,光纤的微弯程度随之变化,从而导致输出光功率改变,通过测量输出光功率的变化来间接测量外部扰动的大小,从而实现微弯传感器功能。

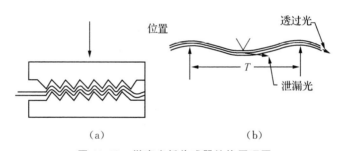

（a）　　　　　　　　　　　　　（b）

图 11-12　微弯光纤传感器结构原理图

 练习题

1. 简述光纤的结构及其工作原理。光纤检测有什么特点?
2. 光纤的数值孔径的物理意义是什么?
3. 光纤传感器常用的调制原理有哪些?
4. 功能型光纤传感器又有什么名称? 有什么特点?
5. 非功能型光纤传感器又有什么名称? 有什么特点?

项目十二 气敏传感器

知识目标

① 掌握气敏传感器的基本原理。

② 熟悉气敏器件的结构、特性、分类。

③ 了解气敏传感器的应用范围。

技能目标

通过对气敏传感器原理的学习,在掌握实操技能的基础上,实现用气敏传感器对酒精、一氧化碳等气体的测量。

项目描述

在 THSRZ-2 型传感器实操台上按照要求进行操作,进行气敏传感器实操训练,并测量酒精、一氧化碳等气体。

知识描述

气敏传感器是用来检测气体浓度和成分的传感器。它将气体种类及其与浓度有关的信息转换成电信号,根据这些电信号的强弱就可以获得与待测气体在环境中的存在情况有关的信息,从而可以进行检测、监控、报警,还可以通过接口电路与计算机组成自动检测、控制和报警系统。

一、气敏传感器的工作原理

声表面波器件的波速和频率会随外界环境的变化而发生漂移。气敏传感器就是利用这一性能在压电晶体表面涂覆一层选择性吸附某气体的气敏薄膜,当该气敏薄膜与待测气体相互作用(化学作用或生物作用,或者是物理吸附),使得气敏薄膜的膜层质量和导电率发生变化,引起压电晶体的声表面波频率发生漂移;气体浓度不同,膜层质量和导电率变化程度亦不同,即引起声表面波频率的变化也不同。通过测量声表面波频率的变化就可以准确地反映气体浓度的变化。

二、气敏传感器的特性

气敏传感器属于化学传感器,其主要特性有以下几个。

1. 稳定性

稳定性是指传感器在整个工作时间内基本响应的性能,取决于零点漂移和区间漂移。零点漂移是指在没有目标气体时,整个工作时间内传感器输出响应的变化。区间漂移是指将传感器连续置于目标气体中输出响应的变化,表现为传感器输出信号在工作时间内的降低。理想情况下,一个传感器在连续工作条件下,每年零点漂移小于 10%。

2. 灵敏度

灵敏度是指传感器输出变化量与被测输入变化量之比,主要依赖于传感器结构所使用的技术。大多数气敏传感器的设计原理都采用生物化学、电化学、物理和光学技术。首先要考虑的是选择一种敏感技术,该技术对目标气体的阈限制或最低爆炸限的百分比的检测要有足够的灵敏度。

3. 选择性

选择性也被称为交叉灵敏度,可通过测量由某一浓度的干扰气体所产生的传感器响应来确定。这个响应等价于一定浓度的目标气体所产生的传感器响应。这种特性在追踪多种气体的应用中是非常重要的,因为交叉灵敏度会降低测量的重复性和可靠性。理想传感器应具有高灵敏度和高选择性。

4. 抗腐蚀性

抗腐蚀性是指传感器暴露于高体积分数目标气体中的能力。在气体大量泄漏时,探头应能够承受预期的气体体积分数的 $10\sim20$ 倍。在恢复正常工作条件时,传感器漂移和零点校正值应尽可能小。

气敏传感器的基本特征,即灵敏度、选择性以及稳定性等,主要通过对材料的选择来确定。可选择适当的材料和开发新材料,使气敏传感器的敏感特性达到最优。

三、气敏传感器的分类

根据气敏材料的特性,气敏传感器可分为半导体气敏传感器、接触燃烧式气敏传感器、固体电解质气敏传感器、电化学型气敏传感器等。

1. 半导体气敏传感器

(1)半导体气敏传感器的基本工作原理

半导体气敏传感器是由气敏材料以及加热丝、防爆网构成,并且气敏中含有氧化锡、三氧化二铁以及氧化锌等。半导体气敏传感器在工作过程中,半导体金属氧化物的表面与待测气体在接触时会发生化学反应,并通过该过程中产生的电导率的物性变化来检测相应的气体成分。

半导体对氧化性和还原性气体都具有吸附能力。N 型半导体会对氧化性气体起到吸附作用,P 型半导体会对还原性气体起到吸附作用,在发生吸附作用时,载流子会相应减少,半导体的电阻会增大。与此截然不同的是,如果 N 型半导体吸附的是还原性气体,P 型半导体吸附的是氧化性气体,则会使载流子增多,从而电阻减小。半导体气敏传感器与气体接触的时间一般在 1 min 内。N 型材料一般使用氧化锡、氧化锌、二氧化钛以及三氧化二钨等,P 型材料一般使用二氧化钼以及三氧化铬等。

空气中的含氧量一般是稳定的,因此可以推断氧吸附物质的能量也是恒稳定的,并且气敏器件的阻值也保持稳定不变的状态。当所测量的气体融入具有恒稳定状态的气体中,器件的表层会发生吸附作用,从而器件的电阻值会发生变化,并且器件的阻值会因气体浓度的变化而发生相应的变化,因此能够从气体浓度与阻值的变化推测出气体的浓度。

（2）半导体气敏传感器根据检测方式分类

半导体气敏传感器是目前实际使用得最多的气敏传感器。由于气体种类繁多,性质也各不相同,不可能用一种传感器检测出所有类别的气体,因此半导体气敏传感器的种类非常多。目前半导体气敏传感器常用于工业上天然气、煤气,石油化工等部门的易燃、易爆、有毒、有害气体的监测、预报和自动控制。

半导体气敏传感器一般使用金属氧化物半导体作为敏感材料,具有高灵敏度和较快的响应速度。根据检测方式的不同,可分为电阻式和非电阻式两种。电阻式气敏传感器主要通过自身电阻值的变化表征被测气体浓度的变化,非电阻式气敏传感器主要通过自身的电流或者电压值的变化表征被测气体浓度的变化。半导体气敏传感器的阻值与浓度的关系如图 12-1 所示。电阻式又可分成表面电阻控制型和体电阻控制型。非电阻式又可分为利用表面电位、利用二极管整流特性和利用晶体管特性三种。半导体气敏传感器的分类如表 12-1 所示。

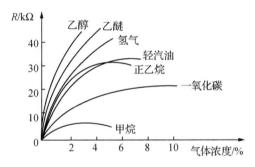

图 12-1　半导体气敏传感器的阻值-浓度关系

表 12-1　半导体气敏传感器的分类

类型	物理特性	气敏元件举例	工作温度	检测气体
电阻型	表面电阻控制型	SnO_2、ZnO	室温～450 ℃	可燃性气体
	体电阻控制型	$\gamma\text{-}Fe_2O_3$ TiO_2	300 ℃～450 ℃ 700 ℃以上	乙醇、可燃性气体 O_2
非电阻型	利用表面电位	Ag_2O	700 ℃以上	硫醇
	利用二极管整流特性	Pb-CdS	室温～200 ℃	H_2、CO、乙醇
	利用晶体管特性	Pd-MOSFET	150 ℃	H_2、H_2S

（3）半导体气敏传感器根据制造工艺分类

气敏电阻元件的种类很多,按制造工艺可分为烧结型、薄膜型、厚膜型。电阻型气敏传感器结构如图 12-2 所示。

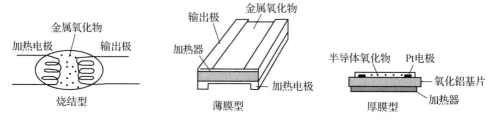

图 12-2　电阻型气敏传感器结构图

① 烧结型。烧结型气敏传感器是将元件的电极和加热器均埋在金属氧化物气敏材料中,经加热成型后低温烧结而成。目前最常用的是氧化锡(SnO_2)烧结型气敏元件,其加热温度较低,一般在 200 ℃~300 ℃。SnO_2 气敏半导体对许多可燃性气体,如氢、一氧化碳、甲烷、丙烷、乙醇等都有较高的灵敏度,可用来制造烟雾报警器。

② 薄膜型。薄膜型气敏传感器是在石英基片上蒸发或溅射一层半导体薄膜制作而成(厚度在 0.1 μm 以下)。传感器上下侧分别为输出电极和加热电极,中间为加热器。

③ 厚膜型。将金属氧化物粉末、添加剂、黏合剂等混合配成浆料,将浆料印刷到基片上,制成数十微米的厚膜。在灵敏度、工艺性、机械强度和一致性等方面,厚膜型气敏元件较好。

以上三种气敏器件都附有加热器。在实际应用时,加热器能使附着在传感器上的油污、尘埃等烧掉,同时加速气体的氧化还原反应,从而提高器件的响应速度和灵敏度。

2. 固体电解质气敏传感器

固体电解质气敏传感器元件为离子对固体电解质隔膜传导,称为电化学池,分为阳离子传导和阴离子传导,是选择性强的传感器。研究得较多且达到实用水平的是氧化锆固体电解质传感器,其原理是利用隔膜两侧两个电池之间的电位差等于浓差电池的电势。稳定的氧化锆固体电解质传感器已成功地应用于钢水中含氧量的测定和发动机空燃比成分测量等。

为弥补固体电解质导电性能的不足,近几年来在固态电解质上镀一层气敏膜,可把周围环境中存在的气体分子数量和介质中可移动的粒子数量联系起来。

根据测试原理的不同,固体电解质气敏传感器又分为平衡电位型、电流型和混成电位型三种。这类传感器具有高速响应、高灵敏度、低检测下限、选择性良好等优点。

3. 电化学型气敏传感器

电化学型气敏传感器是一种典型的湿式传感器,根据作用的机制不同,可分为离子电极型、电位电解型和加伐尼电池型等类型。其中,用量最大的产品是恒电位电解式传感器,可以用于检测有毒气体,其最先被用于检测 SO_2 和 NO_x。

① 恒电位电解式传感器。恒电位电解式传感器是将被测气体在特定电场下电离,由流经的电解电流测出气体浓度。这种传感器灵敏度高,改变电位可选择的检测气体,对毒性气体检测有重要作用。

② 原电池式气敏传感器。在 KOH 电解质溶液中,Pt - Pb 或 Ag - Pb 电极构成电池,已

成功应用于检测 O_2，其优点是灵敏度高，缺点是透水、逸散、吸潮、电极易中毒。

4. 接触燃烧式气敏传感器

接触燃烧式气敏传感器的敏感元件表面涂覆催化剂材料，当可燃性气体接触敏感元件表面时，在其表面燃烧产生热量，使传感器温度上升，通过温度变化使贵金属电极电导率随之发生变化，从而将被测气体体积浓度转换成电信号输出。与半导体传感器相比，这类传感器几乎不受周围环境及湿度的影响。

接触燃烧式气敏传感器的结构、测量电路以及输出电压与被测气体体积浓度的关系如图 12-3 所示。

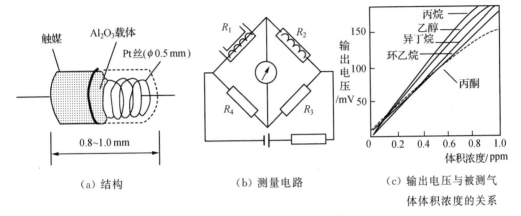

（a）结构　　　　　　　（b）测量电路　　　　　（c）输出电压与被测气体体积浓度的关系

图 12-3　接触燃烧式气敏传感器

接触燃烧式气敏传感器可分为直接燃烧式和催化燃烧式，适用于对可燃性气体 H_2、CO、CH_4 进行检测。这类传感器的优点是应用面广、体积小、结构简单、稳定性好，缺点是选择性差。

气敏传感器在环境保护和安全监督方面起着极其重要的作用。气敏传感器暴露在各种成分的气体中使用，由于检测现场温度、湿度的变化很大，又存在大量粉尘和油雾等，所以其工作条件较恶劣，而且气体对传感元件的材料会产生化学反应物，附着在元件表面，往往会使其性能变差。所以对气敏传感器有下列要求：能够检测报警气体的允许浓度和其他标准数值的气体浓度，能长期稳定工作，重复性好，响应速度快，共存物质所产生的影响小等。

项目实施

实操一　气敏（酒精）传感器实操

一、实操目的

了解气敏传感器的原理及应用。

二、实操仪器

气敏传感器、酒精、棉球(自备)、差动变压器实操模块。

三、实操原理

本实操所采用的氧化锡(SnO_2)半导体气敏传感器属于电阻型气敏元件。它是利用气体在半导体表面的氧化和还原反应使敏感元件阻值发生变化:若气体浓度发生变化,则阻值发生变化。根据这一特性,可以从阻值的变化得知吸附气体的种类和浓度。

四、实操内容与步骤

① 将气敏传感器夹在差动变压器实操模块的传感器固定支架上。

② 按图 12-4 接线,将气敏传感器红色接线端接 0~5 V 电压加热,黑色接地;电压输出选择±10 V,黄色线接+10 V 电压,蓝色线接 R_{w1} 上端。

③ 打开实操台总电源,预热 1 分钟。

④ 用浸透酒精的小棉球靠近传感器,并吹两次气,使酒精挥发进入传感器金属网内,观察电压表读数的变化。

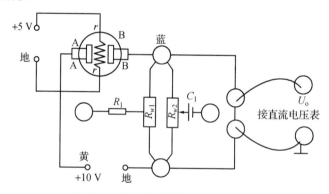

图 12-4 气敏传感器检测酒精接线图

五、实操报告

气敏(酒精)传感器常用于检查酒驾。若需要这样一种传感器,还需考虑哪些环节与因素?

实操二　气敏(可燃气体)传感器实操

一、实操目的

了解可燃气体检测传感器的原理与应用。

二、实操仪器

气敏腔、可燃气体检测传感器、差动变压器实操模块、可燃气体(自备)。

三、实操原理

气敏传感器是利用半导体表面因吸附气体而引起半导体元件电阻值发生变化的原理制成的一类传感器。MQ-7型可燃气体检测传感器是一种表面电阻控制型半导体气敏器件,主要是依靠表面电导率变化的信息来检测被接触气体分子。传感器内部附有加热器,可提高器件的灵敏度和响应速度。

传感器的表面电阻 R_s 与其串联的负载电阻 R_L 上的有效电压信号输出 V_{R_L} 之间的关系为

$$R_s / R_L = (V_c - V_{R_L}) / V_{R_L}$$

该电压变量随气体浓度增大而增大。

MQ-7型可燃气体检测传感器可作为家庭环境中一氧化碳探测装置,适用于对一氧化碳、煤气等的探测。

四、实操内容与步骤

① 将CO传感器探头固定在差动变压器实操模块的支架上,传感器的4根引线中红色和黑色为加热器输入,接0~5 V电压加热(没有正负之分)。传感器预热1分钟左右。

② 按图12-5接线,直流电压表选择20 V挡。记下传感器暴露在空气中时电压表的显示值。

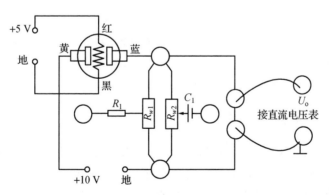

图 12-5　气敏传感器检测可燃气体接线图

③ 将准备好的装有少量煤气(<4%)的瓶口(或打火机内的丁烷气体)对准传感器探头,注意观察直流电压表的明显变化。一段时间后电压表的显示趋于稳定,拿走煤气瓶,观察直流电压表的读数。(回到初始值,可能需要2~3小时)。

④ 实操结束,关闭所有电源,整理实操仪器。

五、实操报告

根据实操观察到的数据,家庭环境中一氧化碳、煤气检测装置需考虑哪些环节与因素?

项目拓展

一、家用气体报警器

气体报警器可根据所用气体的种类,安装于易检测气体泄漏的地方,这样就可以随时监测气体是否泄露,一旦泄漏气体达到危险的浓度,便自动发出报警信号。

图 12-6 是利用 QM-N6 型半导体气敏器件设计而成的简单且廉价的家用气体报警器电路图。其工作原理是:将蜂鸣器与气敏器件构成简单的串联电路,当气敏器件接触到泄漏气体(如煤气、液化石油气等)时,其阻值降低,回路电流增大,达到报警点时蜂鸣器便发出警报。

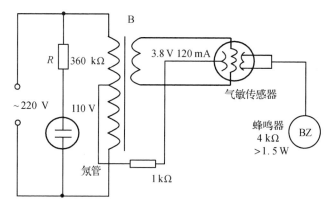

图 12-6　家用气体报警器电路图

设计报警器时,重要的是如何确定开始报警时气体的浓度。一般情况下,对于丙烷、丁烷、甲烷等气体,都选定在其爆炸下限的十分之一。

二、煤气(CO)安全报警器

图 12-7 是家用煤气(CO)安全报警器电路图。该电路由煤气报警器和开放式负离子发生器两部分组成。煤气报警器的作用是,在煤气浓度达到危险界限前发出警报;开放式负离子发生器的作用是,自动产生空气负离子,使煤气中主要有害成分一氧化碳与空气负离子中的臭氧(O_3)发生反应,生成对人体无害的二氧化碳。

三、火灾烟雾报警器

烧结型 SnO_2 气敏器件对烟雾也很敏感,利用此特性,可设计火灾烟雾报警器。在火灾初期会产生可燃性气体和烟雾,因此可以利用 SnO_2 气敏器件做成烟雾报警器,在火灾酿成之前进行预报。

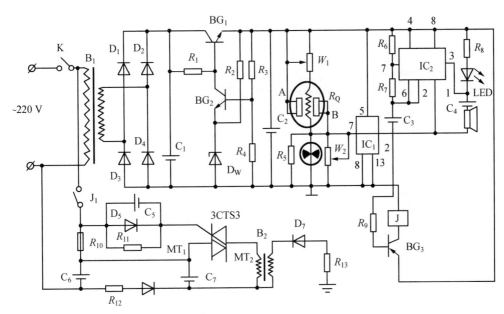

图 12-7　家用煤气安全报警器电路图

图 12-8 是组合式火灾报警器原理图,具有双重报警机构:当火灾发生后温度升高,达到一定温度时,热传感器动作,蜂鸣器报警;当烟雾或可燃气体达到预定报警浓度时,气敏器件发生作用,使报警电路动作,蜂鸣器亦报警。

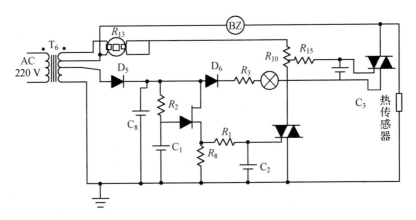

图 12-8　气敏热敏火灾烟雾报警器电路图

 练习题

1. 气敏传感器的工作原理是什么?
2. 气敏传感器可分为几种类型?
3. 接触燃烧式传感器的工作原理是什么? 有什么优缺点?
4. 半导体气敏传感器的工作原理是什么?

项目十三 湿度传感器

知识目标

① 了解湿度的基本概念。

② 掌握湿度传感器的基本原理。

③ 熟悉湿敏器件的结构、分类和特性。

④ 了解湿度传感器的应用范围。

技能目标

通过对湿度传感器相关知识的学习，在掌握实操技能的基础上，实现用湿度传感器对湿度进行测量。

项目描述

在 THSRZ-2 型传感器实操台上按照要求进行操作，进行湿度传感器实操训练，并测量湿度。

知识描述

随着科学技术的发展和生活水平的提高，对湿度的检测和控制已成为生产和生活中必不可少的环节。例如，大规模集成电路生产车间，当其相对湿度低于 30%RH 时，容易产生静电，进而影响生产；一些粉尘多的车间，当因湿度小而产生静电时，容易发生爆炸；许多储物仓库（如存放烟草、茶叶和中药材等）在湿度超过某一水平时，物品易发生变质或霉变现象；居室的湿度应适中；而纺织厂要求车间的湿度保持在 60%RH～75%RH；在农业生产中的温室育苗、食用菌培养、水果保鲜等都需要对湿度进行检测和控制。

一、湿度的概念

湿度是指物质中所含水蒸气的量。目前的湿度传感器多数是测量气体中的水蒸气含量。通常用绝对湿度、相对湿度和露点（露点湿度）来表示。

1. 绝对湿度

绝对湿度是指单位体积的气体中实际所含水蒸气的质量，其表达式为

$$H_d = \frac{m_v}{V} \tag{13-1}$$

式中：m_v 为待测气体中的水蒸气质量；V 为待测气体的总体积。

2. 相对湿度

相对湿度为待测气体中水汽分压与同温度下水的饱和水气压的比值的百分数。这是一个无量纲的量，常表示为％RH，其表达式为

$$\varphi = \frac{p_v}{p_w} \times 100\% \tag{13-2}$$

式中：p_v 为某温度下待测气体的水汽分压；p_w 为与待测气体温度相同时水的饱和水气压。

通常所说的湿度即为相对湿度。相对湿度受温度、气压影响较大，因为气体温度和压力改变时，饱和水蒸气也会变化，所以气体中的水蒸气压即使相同，其相对湿度也会发生变化。

3. 露点

在一定的大气压下，将含水蒸气的空气冷却，当降到某温度时，空气中的水蒸气达到饱和状态，开始从气态变成液态，凝结成露珠，这种现象称为结露，此时的温度称为露点或露点温度。如果这一特定温度低于 0 ℃，水汽将凝结成霜，此时称为霜点。通常对两者不予区分，统称为露点，单位为℃。

二、湿度传感器的主要特性

1. 感湿特性

感湿特性为湿度传感器的感湿特征量（如电阻、电容、频率等）随环境湿度变化的规律，常用感湿特征量和相对湿度的关系曲线来表示，如图 13-1 所示。

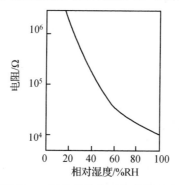

图 13-1 湿敏元件的感湿特性曲线

2. 湿度量程

湿度传感器能够比较精确测量的相对湿度的最大范围称为湿度量程。一般来说，使用时不得超过湿度量程的规定值。所以在实际应用中，希望湿度传感器的湿度量程越大越好，以 0～100％RH 为最佳。

湿度传感器按其湿度量程可分为高湿型、低湿型及全湿型三大类。高湿型适用于相对湿度大于 70％RH 的场合；低湿型适用于相对湿度小于 40％RH 的场合；而全湿型适用于相对温度为 0～100％RH 的场合。

3. 灵敏度

灵敏度为湿度传感器的感湿特征量随相对湿度变化的程度,即在某一相对湿度范围内,相对湿度改变 1%RH 时,湿度传感器的感湿特征量的变化值,也就是该湿度传感器感湿特性曲线的斜率。

由于大多数湿度传感器的感湿特性曲线是非线性的,在不同的湿度范围内具有不同的斜率,因此常用传感器在不同环境湿度下的感湿特征量之比来表示灵敏度。例如,R1%/R10%表示湿敏器件在 1%RH 下的电阻值与在 10%RH 下的电阻值之比。

4. 响应时间

当环境湿度增大时,湿敏器件有一个吸湿过程,感湿特征量发生变化。而当环境湿度减小时,为检测当前湿度,湿敏器件原先所吸的湿度要消除,这一过程称为脱湿。所以用湿敏器件检测湿度时,湿敏器件将随之发生吸湿和脱湿过程。

在一定的环境温度下,当环境湿度改变时,湿度传感器完成吸湿过程或脱湿过程(感湿特征量达到稳定值)所需的时间,称为响应时间。感湿特征量的变化滞后于环境湿度的变化,所以实际多采用感湿特征量的改变值达到总改变量的 90% 所需要的时间,即以响应的起始湿度和终止湿度这一变化区间的 90% 中相对湿度变化所需要的时间来计算。

5. 感湿温度系数

湿度传感器除对环境湿度敏感外,对温度也十分敏感。湿度传感器的温度系数是表示湿度传感器的感湿特性曲线随环境温度而变化的特性参数。在不同的环境温度下,湿度传感器的感湿特性曲线是不同的,如图 13-2 所示。

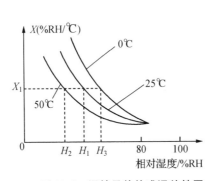

图 13-2 湿敏元件的感湿特性图

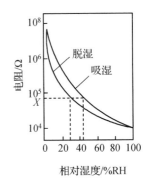

图 13-3 湿度传感器的湿滞特性

6. 湿滞特性

一般情况下,湿度传感器不仅在吸湿和脱湿两种情况下的响应时间有所不同(大多数湿敏器件的脱湿响应时间大于吸湿响应时间),而且其感湿特性曲线也不重合。在吸湿和脱湿时,两种感湿特性曲线形成一个环形线,称为湿滞回线。湿度传感器这一特性称为湿滞特性,如图 13-3 所示。

7. 老化特性

老化特性为湿度传感器在一定温度、湿度环境下,存放一定时间后,由于尘土、油污、有害气体等影响,其感湿特性发生变化的特性。

8. 互换性

湿度传感器的一致性和互换性差。当使用的湿度传感器被损坏时,有时即使换上同一型号的传感器也需要再次进行调试。

综上所述,一个理想的湿度传感器应具备以下性能和参数。

① 使用寿命长,长期稳定性好。

② 灵敏度高,感湿特性曲线的线性度好。

③ 使用范围宽,感湿温度系数小。

④ 响应时间短。

⑤ 湿滞回差小,测量精度高。

⑥ 能在有害气体的恶劣环境中使用。

⑦ 器件的一致性、互换性好,易于批量生产,成本低。

⑧ 器件的感湿特征量应在易测范围内。

三、湿度传感器的分类

湿度传感器是一种能够感受外界湿度变化,并通过器件材料的物理或化学性质变化,将湿度转化成有用信号的器件。湿度传感器主要是由湿敏元件和测量电路组成,除此之外,还包括一些辅助元件,如辅助电源、温度补偿、输出显示设备等。

湿度传感器的种类很多,没有统一的分类标准。按照输出的电学量可分为电阻式、电容式、频率式等;按照探测功能可分为绝对湿度型、相对湿度型和结露型;按照材料可分为陶瓷式、高分子式、半导体式、电解质式等。

四、常用湿度传感器

1. 半导体陶瓷湿敏电阻

半导体陶瓷湿敏电阻通常是用两种以上的金属氧化物半导体材料混合烧结而成的多孔陶瓷。根据电阻率随湿度的变化,可分为负特性湿敏半导体陶瓷和正特性湿敏半导体陶瓷。

负特性湿敏半导体陶瓷的表面电阻会随着湿度的增大而减小,主要是由于水分子中的氢原子具有很强的正电场,当水在半导体陶瓷表面吸附时,就有可能从半导体陶瓷表面俘获电子,使半导体陶瓷表面带负电。通常采用的半导体材料由 $ZnO\text{-}LiO_2\text{-}V_2O_5$ 系、$Si\text{-}Na_2O\text{-}V_2O_5$ 系、$TiO_2\text{-}MgO\text{-}Cr_2O_3$ 系的金属氧化物烧结而成。

正特性湿敏半导体陶瓷的表面电阻会随着湿度的增加而增大,采用 Fe_3O_4 等材料烧制而成。通常湿敏半导体陶瓷材料都是多孔的,表面电导占的比例很大,故表面电阻的升高必将引起总电阻值明显升高。

陶瓷湿度传感器具有很多优点,主要有:测量范围宽,基本上可实现全湿范围内的湿度测量;工作温度高,常温湿度传感器的工作温度在 150℃ 以下,而高温湿度传感器的工作温度可达 800℃;响应时间短,多孔陶瓷的表面积大,易于吸湿和脱湿;湿滞小,抗污,可高温清洗,灵敏度高,稳定性好等。

2. 高分子湿度传感器

常见的高分子湿度传感器有高分子电阻式湿度传感器、高分子电容式湿度传感器和结露传感器等。

（1）高分子电阻式湿度传感器

这种传感器的湿敏层为可导电的高分子,强电解质,具有极强的吸水性。水吸附在有极性基的高分子膜上,在低湿度下,因为吸附量少,不能产生荷电粒子,所以电阻值较高。当相对湿度增加时,吸附量增加,大量的吸附水就成为导电通道,高分子电解质的正负离子对主要起载流子作用,使高分子湿敏元件的电阻值下降。吸湿量不同,高分子介质的阻值也不同,根据阻值变化可测量相对湿度。

图 13-4　高分子湿度传感器外形图

（2）高分子电容式湿度传感器

这种传感器的原理是高分子材料吸水后,元件的介电常数随环境相对湿度的变化而变化,引起电容的变化。元件的介电常数是水与高分子材料的介电常数之和。当含水量以水分子形式被吸附在高分子介质膜中时,由于高分子介质的介电常数远远小于水的介电常数,所以介质中水的成分对总介电常数的影响比较大,使元件对湿度有比较好的敏感性。高分子电容式湿度传感器是在绝缘衬底上制作一对平板金属电极,在上面涂覆一层均匀的高分子感湿膜作为电介质,在表层以镀膜的方法制作多孔浮置电极形成串联电容,如图 13-5 所示。

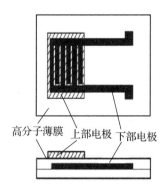

高分子薄膜　上部电极　下部电极

图 13-5　高分子薄膜电介质电容式湿度传感器的结构

由于高分子膜可以做得很薄,所以元件能迅速吸湿和脱湿,故该类传感器有滞后小和响应速度快等特点。

（3）结露传感器

结露传感器(图 13-6)是一种特殊的湿度传感器。与一般的湿度传感器的不同之处在于,它对低湿不敏感,仅对高湿敏感。结露传感器是利用掺入碳粉的有机高分子材料吸湿后的膨胀现象制成的。在高湿条件下,高分子材料的膨胀引起其中所含碳粉间距的变化而使电阻突变。利用这个现象可制成具有开关特性的湿度传感器。结露传感器分为电阻型和电容型,目前广泛应用的是电阻型。结露传感器一般不用于测湿,而作为提供开关信号的结露信号器,用于自动控制或报警,主要用于磁带录像机、照相机和高级轿车玻璃的结露检测及除露控制。

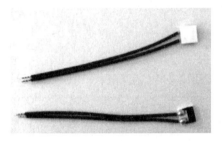

图 13-6　结露传感器外形

3. 电解质湿度传感器

电解质是以离子形式导电的物质,分为固体电解质和液体电解质。若物体溶于水中,在极性分子作用下,能全部或部分地离解为自由移动的正、负离子,则称为液体电解质。电解质溶液的电导率与溶液的浓度有关,而溶液的浓度在一定的温度下又是关于环境相对湿度的函数。最典型的电解质湿度传感器是电解质氯化锂湿度传感器。

电解质氯化锂湿度传感器中氯化锂湿敏电阻是利用吸湿性盐类潮解,离子电导率发生变化而制成的测湿元件。它由引线、基片、感湿层与电极组成,如图 13-7 所示。氯化锂(LiCl)通常与聚乙烯醇组成混合体,在氯化锂的溶液中,Li 和 Cl 均以正、负离子的形式存在,而 Li+ 对极性水分子的吸引力强,离子水合程度高,其溶液中的离子导电能力与浓度成正比。

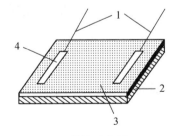

(a)实物图　　　　(b)结构示意图

1—引线;2—基片;3—感湿层;4—电极

图 13-7　氯化锂湿敏电阻

当溶液置于一定湿度场中,若环境相对湿度高,溶液将吸收水分,使溶液浓度降低,因此,其溶液电阻率升高;反之,环境相对湿度变小时,溶液浓度升高,其电阻率下降,从而实现对湿度的测量。

五、湿度传感器的应用

湿度传感器被广泛应用于军事、气象、工业、农业、医疗、建筑以及家用电器等场合的湿度检测、控制与报警。湿度传感器的主要应用范围和使用温度、湿度范围如表 13-1 所示。

表 13-1 湿度传感器的应用范围

应用场合	使用设备	使用温度、湿度范围		备注
		温度/℃	湿度 RH/%	
家用电器	空调机器 干燥机 电子炊具 VTR	5 ～ 40 5 ～ 80 5 ～ 100 −5 ～ 60	40 ～ 70 0 ～ 10 2 ～ 100 60 ～ 100	空调、烘干机、食品加热、烹调控制、防止结露
汽车	散热器	−20 ～ 80	50 ～ 100	防止结露
医疗	治疗器 保健设备	10 ～ 30 10 ～ 30	80 ～ 100 50 ～ 80	呼吸器系统、空调
工业	纤维 干燥器 粉体水分 干燥食品 电子部件生产	10 ～ 30 30 ～ 100 5 ～ 100 50 ～ 100 5 ～ 40	5 ～ 100 0 ～ 50 0 ～ 50 0 ～ 50 0 ～ 50	制丝、窑业木材干燥、窑业原料、磁头、LSI、IC
农林畜牧	房屋空调 茶田防霜 养殖	5 ～ 40 −10 ～ 60 20 ～ 25	0 ～ 100 5 ～ 100 40 ～ 70	空调、防止结露、健康管理
测量	恒温恒湿槽 无线气候监测	5 ～ 100 −50 ～ 40	0 ～ 100 0 ～ 100	精密测量、气象测量

项目实施

实操 湿度传感器实操

一、实操目的

了解湿度传感器的原理及应用范围。

二、实操仪器

湿度传感器、湿敏座、干燥剂、棉球（自备）。

三、实操原理

湿度是指大气中水分的含量,通常采用绝对湿度和相对湿度两种方法表示。绝对湿度是指单位体积被测气体中水蒸气的含量或浓度,用符号 AH 表示。相对湿度是指被测气体中的水蒸气压和该气体在相同温度下饱和水蒸气压的百分比,用符号%RH 表示。湿度是一个无量纲的值。实操中多使用相对湿度的概念。湿度传感器的种类较多,根据水分子易于吸附在固体表面、渗透到固体内部的特性(称为水分子亲和力),湿敏传感器可以分为水分子亲和力型和非水分子亲和力型。本实操所采用的是水分子亲和力型中的高分子材料湿敏元件。高分子电容式湿敏元件是利用元件的电容值随湿度变化的原理制成的。具有感湿功能的高分子聚合物(如乙酸-丁酸纤维素和乙酸-丙酸比纤维素等)做成薄膜,它们具有迅速吸湿和脱湿的能力,感湿薄膜覆在金箔电极(下电极)上,在感湿薄膜上再镀一层多孔金属膜(上电极),这样形成的一个平行板电容器就可以通过测量电容的变化来感知空气湿度的变化。

四、实操内容与步骤

① 湿敏传感器实操装置如图 13-8 所示,红色接线端接+5 V 电源,黑色接线端接地,蓝色接线端接频率/转速表输入端。频率/转速表选择频率挡,记下此时频率/转速表的读数。

② 将湿棉球放入湿敏腔内,并插上湿敏传感器探头,观察频率/转速表的变化。

③ 取出湿棉球,待数显表示值下降并恢复到原示值时,在干湿腔内放入部分干燥剂,同样将湿度传感器置于湿敏腔孔上,观察数显表的读数变化。

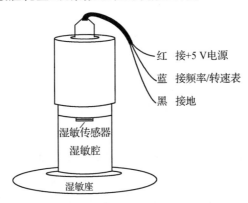

红　接+5 V电源

蓝　接频率/转速表

黑　接地

图 13-8　湿敏传感器实操装置

五、实操报告

输出频率 f 与相对湿度 RH 值的对应关系如表 13-2 所示。计算上面实操内容与步骤中三种状态下空气的相对湿度。

表 13-2　输出频率 f 与相对湿度 RH 值

RH/%	0	10	20	30	40	50	60	70	80	90	100
f/Hz	7 351	7 224	7 100	6 976	6 853	6 728	6 600	6 468	6 330	6 186	6 033

项目拓展

一、直读式湿度计

图 13-9 为直读式湿度计电路,其中 R_H 为氯化锂湿敏传感器。由 VT_1、VT_2、T_1 等组成测湿电桥的电源,其振荡频率为 250~1 000 Hz。电桥的输出经变压器 T_2、C_3 耦合到 VT_3,经 VT_3 放大后的信号经 VD_1~VD_4 桥式整流后,输入给微安表,指示出由于相对湿度的变化而引起电流的改变,经标定并把湿度刻画在微安表盘上,就制作成一个简单且实用的直读式湿度计。

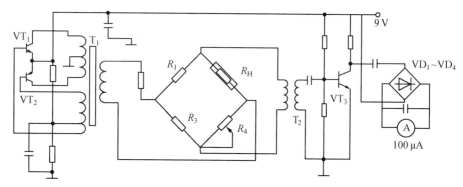

图 13-9 直读式湿度计电路图

二、微波炉湿度检测控制系统

微波炉中湿敏传感器安装示意图如图 13-10 所示。微波炉湿度检测控制系统原理如图 13-11 所示,R_H 为湿敏元件,电热器用来加热湿敏元件至 550℃工作温度。由于传感器工作在高温环境中,所以湿敏元件一般不采取直流电压供电,而采用振荡器产生的交流电供电,这是因为在高温环境中,当湿敏元件加上直流电时,很容易发生电极材料的迁移,从而影响传感器正常工作。R_0 为固定电阻,与传感器电阻 R_H 构成分压电路。交-直流变换器的直流输出信号经运算单元运算,输出与湿度成比例的电信号,并由显示器显示。

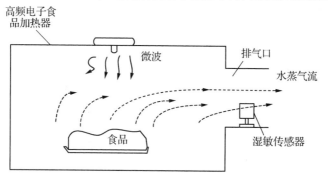

图 13-10 微波炉中湿敏传感器安装示意图

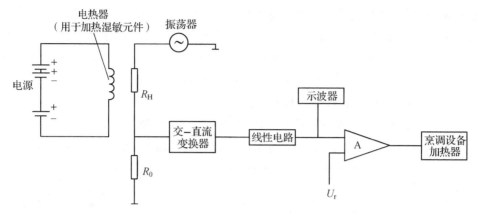

图 13-11 微波炉湿度检测控制系统原理框图

三、汽车玻璃挡板结露控制电路

汽车有自动去霜电路,其目的是防止驾驶室的挡风玻璃及后窗玻璃结露或结霜,保证驾驶员视线清楚,避免事故发生。该电路同样可以用于其他需要除霜的场合。

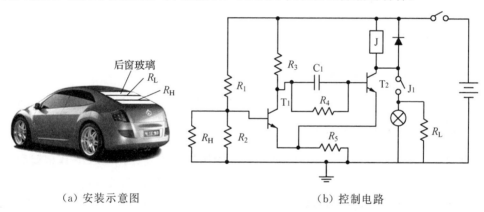

（a）安装示意图　　　　　　　（b）控制电路

图 13-12 汽车后窗玻璃自动去霜装置

如图 13-12(a)所示,R_L 为加热丝,埋在挡风玻璃内;R_H 为结露传感器。控制电路如图 13-12(b)所示,晶体管 T_1、T_2 构成施密特触发电路,T_2 的集电极负载为继电器 J 的线圈绕组。R_1、R_2 为 T_1 的基极电阻,R_H 为结露传感器的等效电阻。在低湿度时,调整 R_1 和 R_2,使 T_1 导通,T_2 截止,J 触点释放。当湿度增大到 80%RH 以上时,R_H 值下降,由于 R_H 与 R_2 的并联电阻阻盾减小,使 T_1 截止,T_2 导通,则 J 的线圈通电,控制常开触点 J_1 闭合,加热挡风玻璃中的加热丝,驱散湿气,避免挡风玻璃结露。当湿度减少到一定程度,随着 R_H 的增大,又回到不结露时的阻值,T_1、T_2 恢复到初始状态,加热停止,从而实现了自动去湿,防止结露或结霜。

四、粮仓湿度控制器

粮仓湿度控制器电路如图 13-13 所示。其中 CH 为湿敏传感器等效电容,其电容值随环境相对湿度的增大而成比例地增大。由 IC_1 时基电路等组成检测电路,IC_{1a} 构成振荡频率为 1 kHz 的多谐振荡器,其输出下沿脉冲触发 IC_{1b} 构成的单稳电路,单稳电路输出的脉冲宽度正比于湿敏传感器 CH 的电容值,因而它的输出电压平均值正比于相对湿度。将此平均电压加到 IC_3 比较器的同相输入端,当该电压高于反相输入端电压时,IC_4 输出高电平,使 VT_1 导通,继电器 K 工作,其触点 K_1 闭合,仓库的排湿风机工作。与此同时,VD_1 发光二极管点亮,告知库内的湿度已超过规定的标准。

湿度预置电路由 IC_2 及外围元件组成,它与 IC_1 组成的电路完全相同。调节可变电容器 C_3,便可预置所要控制的相对湿度,它以加在 IC_3 比较器反相输入端的电压来体现。

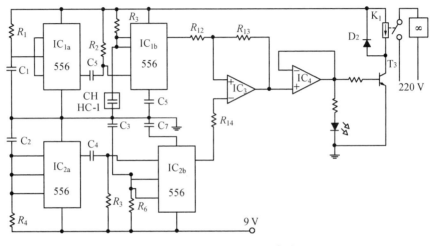

图 13-13　粮仓湿度控制器电路

五、鸡、鸭雏室湿度控制器

雏室湿度控制器的电路如图 13-14 所示。其中湿敏传感器采用 MS01-B 型湿敏电阻,其阻值随相对湿度的变化而改变。当相对湿度为 70%RH 时,传感器的电阻值约为 40 kΩ,当相对湿度再增加时,阻值就开始减小。由于传感器不能在直流电压下工作,所以先将交流 220 V 电压经变压器 T 变为 8 V 交流电压,再经 D_1、D_2 双向削波,变成平顶式交流电压。交流电流流经湿敏传感器 R_H,经桥式整流,就有直流电流流过电流表。显然,雏室内的相对湿度越高,流经电流表的电流就越大,这样就可以从电流表上读出湿度值。

由 IC_1 等组成比较器,其基准电压加在 IC_1 的同相端,调节 RP_1 可设定控制湿度上限。湿度检测电路的输出电压加在 IC_1 的反相端,湿度较低时,它的电压值低于加在同相端的电压值,IC_1 输出高电平,使 VT_1 导通,继电器 K 工作,常开触点 K_1 闭合,电炉电阻丝开始对盆中的水加热,使水蒸气不断扩散到空气中去,以增加空气的相对湿度。当湿度上升到设定值时,由于湿敏传感器 R_H 的电阻值减小,IC_1 反相输入端的电压等于同相端的基准电压,IC_1 输出低电平,使 VT_1 截止,继电器 K 停止工作,中断对水的加热。控制器如此反复的工作,使雏室相对湿度控制在给定的范围内。

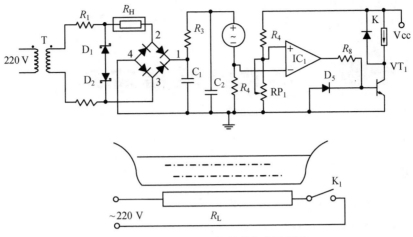

图 13-14　雏室湿度控制器电路原理图

 练习题

1. 什么是湿度？湿度的表示方法有哪几种？
2. 选择湿度传感器时要考虑哪些因素？
3. 常用的湿度传感器有哪几种？
4. 简述高分子湿敏电容的组成、工作原理及特性。
5. 简述氯化锂湿敏电阻的工作原理。

项目十四 其他传感器简介

知识目标

① 了解微波传感器的结构和工作原理。

② 了解图像传感器的结构和工作原理。

③ 了解生物传感器的结构和工作原理。

④ 了解机器人传感器的结构和工作原理。

技能目标

通过学习其他几种传感器的相关知识,进一步了解传感器,并能根据实际情况,选用合适的传感器进行检测。

项目描述

使用微波传感器、图像传感器、生物传感器、机器人传感器测量相关的参数。

知识描述

一、微波传感器

1. 微波的基本知识

微波是波长很短(1 mm~1 m)、频率很高(300 MHz~300 GHz)的电磁波,既具有电磁波的性质,又不同于普通的无线电波和光波。微波具有以下特点:遇到各种障碍物时易于反射;绕射能力差;传输特性良好,传输过程中受烟、灰尘、强光等的影响很小;介质对微波的吸收量与介质的介电常数成比例,水对微波的吸收作用最强。

2. 微波传感器的结构和工作原理

微波振荡器和微波天线是微波传感器的重要组成部分。微波振荡器是产生微波的装置。由于微波波长很短,频率很高,要求振荡回路中有非常小的电感和电容,因此,不能用普通晶体管构成微波振荡器。构成微波振荡器的器件有速调管、磁控管或某些固体元件。小型微波振荡器也可以采用场效应管。

3. 微波传感器的分类

微波传感器可分为反射式和遮断式两种。

（1）反射式传感器

这种传感器通过检测被测物反射回来的微波功率或经过的时间间隔来表示被测物的位置、厚度等参数。

（2）遮断式传感器

这种传感器通过检测接收天线接收到的微波功率的大小来判断发射天线与接收天线间有无被测物或确定被测物的位置等。

4. 微波传感器的应用

（1）微波液位计

图 14-1 为微波液位检测示意图。相距 s 的发射天线和接收天线间构成一定的角度。波长为 λ 的微波从被测液位反射后进入接收天线，接收天线接收到的功率将随被测液面的高低不同而不同。接收天线接收的功率 P_r 可表示为

$$P_r = \left(\frac{\lambda}{4\pi}\right)^2 \frac{P_i G_i G_r}{s^2 + 4d^2} \qquad (14-1)$$

式中：d 为天线与被测液面间的垂直距离；P_i、G_i 分别为发射天线发射的功率和增益；G_r 为接收天线的增益。

当发射功率、波长、增益均恒定时，只要测得接收功率 P_r，就可获得被测液面的高度 d。

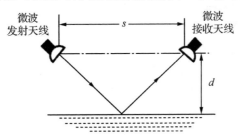

图 14-1　微波液位检测示意图

（2）微波物位计

图 14-2 为微波开关式物位计示意图。当被测物位较低时，发射天线发出的微波束全部由接收天线接收，经放大器、比较器后发出正常工作信号。当被测物位升高到天线所在的高度时，微波束部分被吸收，部分被反射，接收天线接收到的功率相应减弱，经放大器、比较器后就可给出被测物位高出设定物位的信号。

当被测物位低于设定物位时，接收天线接收到的功率 P_0 为

$$P_0 = \left(\frac{\lambda}{4\pi s}\right)^2 P_i G_i G_r \qquad (14-2)$$

被测物位升高到天线所在高度时，接收天线接收的功率 P_r 为

$$P_r = \eta P_0 \qquad (14-3)$$

式中：η 是由被测物形状、材料性质、电磁性能及高度所决定的系数。

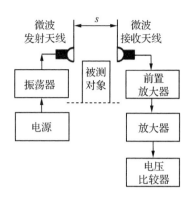

图 14-2 微波开关式物位计示意图

（3）微波湿度（水分）传感器

水分子是极性分子,常态下成偶极子形式杂乱无章地分布在物质中。在外电场作用下,偶极子会定向排列。当微波场中有水分子时,偶极子受场的作用而反复取向,不断从电场中得到能量（储能）,又不断释放能量（放能）,前者表现为微波信号的相移,后者表现为微波信号的衰减。这种特性可用水分子自身的介电常数 ε 来表征,即

$$\varepsilon = \varepsilon' + \alpha\varepsilon''$$ (14-4)

式中：ε' 为储能的度量；ε'' 为衰减的度量；α 为常数。

ε' 与 ε'' 不仅与材料有关,还与测试信号的频率有关,所有极性分子均有此特性。一般干燥的物体,如木材、皮革、谷物、纸张、塑料等,其 ε' 在 $1\sim5$ 范围内,而水的 ε' 则高达 64。因此,如果材料中含有少量水分时,ε' 将显著上升。ε'' 也有类似的性质。

图 14-3 是酒精含水量测量仪器框图,MS 产生的微波功率经分功器分成两路,再经衰减器 A_1、A_2 分别注入两个完全相同的转换器 T_1、T_2 中。其中 T_1 放置无水酒精,T_2 放置被测酒精样品。相位与衰减测定仪（PT、AT）分别反复接通两路（T_1、T_2）输出,自动记录和显示它们之间的相位差与衰减差,从而确定样品酒精的含水量。

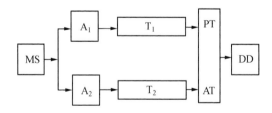

图 14-3 酒精含水量测量仪器框图

对于颗粒状物料,由于其形状各异、装料不匀因素的影响,测量含水量时,对微波传感器的要求较高。

（4）微波测厚仪

微波测厚的原理如图 14-4 所示。这种测厚仪是利用微波在传播过程中遇到被测物金属表面会被反射,且反射波的波长与速度都不变的特性进行测厚的。

如图 14-4 所示,在被测金属物体上下两个表面各安装一个终端器。微波信号源发出的

微波经过环行器 A、上传输波导管传输到被测物上表面上,微波在被测物上表面全反射后又回到上终端器,再经过传输波导管、环形器 A、下传输波导管传送到下终端器。由下终端器发射到被测物下表面的微波,经全反射后又回到下终端器,再经过传输波导管回到环形器 A。因此,被测物体的厚度与微波传输过程中的行程有密切关系,当被测物体厚度增加时,微波的行程就减小。

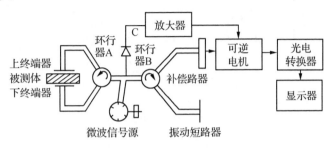

图 14-4　微波测厚仪原理图

二、图像传感器

机械量测量中有关形状和尺寸的信息以图像方式表达最为方便,目前较实用的图像传感器是由电荷耦合器件构成的,简称 CCD(Charge-Coupled-Device)。它分为一维的和二维的,前者用于检测位移、尺寸,后者用于传递平面图形、文字。CCD 器件具有集成度高、分辨率高、固体化、低功耗及自扫描能力等一系列优点,已被广泛应用于工业检测、电视摄像、高空摄像及人工智能等领域。

1. 感光原理

图像是由像素组成行,由行组成帧。对于黑白图像来说,每个像素应根据光的强弱得到不同大小的电信号,并且在光照停止之后仍能对电信号的大小保持记忆,直到把信息传送出去,这样才能构成图像传感器。所以 CCD 图像传感器主要由光电转换和电荷读出转移两部分组成,光电转换的功能是把入射光转变成电荷,按像素组成电荷包存储在光敏元件中,电荷的电量反映该像素元的光线的强弱,电荷是通过一段时间(一场)积累起来的。

2. 转移原理

由于组成一帧图像的像素总数太多,只能用串行方式依次传送,在常规的摄像管里是靠电子束扫描的方式工作的,在 CCD 器件里也需要用扫描实现各像素信息的串行化。

不过 CCD 器件并不需要复杂的扫描装置,只需外加如图 14-5(a)所示的多相脉冲转移电压依次对并列的各个电极施加电压即可。图 14-5(a)中 φ_1、φ_2、φ_3 是相位依次相差 120° 的三个脉冲源,其波形都是前沿陡峭后沿倾斜。若按时刻 $t_1 \sim t_5$ 分别分析其作用,可结合图 14-5(b)讨论其工作原理。

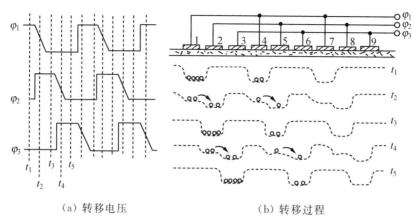

（a）转移电压　　　　　　　（b）转移过程

图 14-5　CCD 电荷转移原理

在排成直线的一维 CCD 器件里,电极 1～9 分别接在三相脉冲源上。将电极 1～3 视为一个像素,在 φ_1 为正的 t_1 时刻里受到光照,于是电极 1 下方出现势阱,并收集到负电荷电子。同时,电极 4 和 7 下方也出现势阱,但因光强不同,所收集到的电荷不等。在时刻 t_2, φ_1 电压已下降,然而 φ_2 电压最高,所以电极 2、5、8 下方的势阱最深,原先储存在电极 1、4、7 下方的电荷部分转移到电极 2、5、8 下方。到时刻 t_5,上述电荷已全部向右转移一步。依此类推,到时刻 t_5 已依次转移到电极 3、6、9 下方。

二维 CCD 则有多行。在每一行的末端,设置有接收电荷并加以放大的器件,此器件所接收的顺序当然是先接收距离最近的右方像素(图 14-6),再接受左方像素,直到整个一行的各像素都传送完。如果只是一维的,就可以再进行光照,重新传送新的信息;如果是二维的,就开始传送第二行,直至一帧图像信息传送完,才可再进行光照。

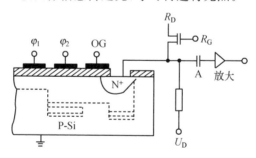

图 14-6　CCD 电荷输出电路

事实上,同一个 CCD 器件既可以按并行方式同时感光形成电荷潜影,又可以按串行方式依次转移电荷完成传送任务。但是,分时使用同一个 CCD 器件时,在转移电荷期间就不应再进行光照,以免因多次感光破坏原有图像,因此必须用快门控制感光时刻。而且感光时不能转移,转移时不能感光,否则工作速度受到限制。现在通用的办法是把两个任务由两套 CCD 完成,感光用的 CCD 有窗口,转移用的 CCD 是被遮蔽的,感光完成后把电荷并行转移注入专供传送的 CCD 里串行输出,这样就不必用快门了,而且感光时间可以延长,传送速度也更快。

由此可见,通常所说的扫描已在依次传送过程中体现,全部都由固态化的 CCD 器件完成。

　　工业生产过程中监视及检测用的图像有时不必要求灰度层次,只需要对比强烈的黑白图形,这时应借助参比电压将 CCD 的输出信号二值化。检测外形轮廓和尺寸时常常如此。

　　目前市场销售的 CCD 器件,一维的有 512、1 024、2 048 位,每个单元的距离分别为 15 μm、254 μm、28 μm;二维的有 256×320、512×340 乃至 2 304×1 728 像素等。

三、生物传感器

1. 生物传感器的工作原理

　　生物传感器是利用各种生物或生物物质做成用来检测与识别生物体内的化学成分的传感器。生物或生物物质主要是指各种酶、微生物、抗体等。生物传感器由生物敏感膜和变换器构成,其基本工作原理如图 14-7 所示。被测物质经扩散作用进入生物敏感膜层,经分子识别,产生生物学反应(物理、化学变化),产生物理、化学现象或产生新的化学物质,使相应的变换器将其转换成可测量和可传输、处理的电信号。

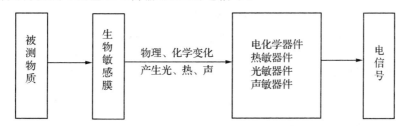

图 14-7　生物传感器基本工作原理图

2. 生物传感器的特点

　　① 从理论上讲,根据生物反应的奇异性和多样性,可以制造出检测所有生物物质的各类生物传感器。

　　② 生物传感器是在无试剂条件下工作的,比传统的生物学和化学分析方法操作简便、快捷,准确性高。

　　③ 可以连续测量,并能联机操作,直接显示出测量结果。

3. 生物传感器的分类

　　根据所用生物活体物质的不同,可以把生物传感器分为以下五类:酶传感器、微生物传感器、组织传感器、细胞器传感器、免疫传感器。

　　(1) 酶传感器

　　酶传感器是由酶敏感膜和电化学器件构成的。由于酶是由蛋白质组成的生物催化剂,所以能催化许多生物化学反应。生物细胞的复杂代谢就是由成千上万个不同的酶控制的。酶的催化效率极高,而且具有高度专一性,即能对特定待测生物量进行选择性催化,并且具有化学放大作用。因此,利用酶的特性可以制造出高灵敏度、选择性好的传感器。

　　根据输出信号的不同,酶传感器可分为电流型和电位型两种。其中,电流型是由与酶催化反应有关物质的电极反应所得到的电流来确定反应物的浓度。而电位型是通过电化学传感器测量敏感膜电位来确定与催化反应有关的各种物质的浓度。

（2）微生物传感器

用微生物作为分子识别元件而制成的传感器称为微生物传感器。与酶相比，微生物更经济，耐久性也好。

微生物本身就是具有生命活性的细胞，有各种生理机能。其主要机能是呼吸机能（氧气的消耗）和新陈代谢机能（物质的合成与分解），还有菌体内的复合酶、能量再生系统等。因此，在不损坏微生物机能的情况下，将微生物用固定化技术固定在载体上就可以制作出微生物敏感膜。所采用的载体，一般是多孔醋酸纤维膜和胶原膜。微生物传感器按工作原理可分为呼吸机能型和代谢机能型。

（3）免疫传感器

免疫传感器的基本原理是免疫反应。利用抗体能识别抗原并与抗原结合的功能的生物传感器称为免疫传感器。它是利用固定化抗体（或抗原）膜与相应的抗原（或抗体）的特异反应，此反应的结果使生物敏感膜的电位发生变化，从而产生电信号。

根据所用变换器器件的不同，可以把生物传感器分为以下五类：生物电极传感器、光生物传感器、热生物传感器、半导体生物传感器、压电晶体生物传感器。

四、机器人传感器

机器人是由计算机控制的、能模拟人的感觉、手工操作，具有自动行走能力，并可以完成一定工作的装置。感知系统是机器人能够实现自主化必不可少的部分，感知系统离不开各种各样的传感器。根据传感器在机器人中的作用，机器人传感器分为内部传感器和外部传感器。

1. 内部传感器

（1）概述

在有关工业机器人功能的术语中，"内部"测量功能定义为测量机器人自身状态的功能。所谓内部传感器，就是实现该功能的元件。具体检测的对象有关节的线位移、角位移等几何量，速度、角速度、加速度等运动量，还有倾斜角、方位角、振动等物理量。对各种传感器的要求是精度高、响应速度快、测量范围宽。内部传感器中，位置传感器和速度传感器是当今机器人反馈控制中不可缺少的元件。现已有多种传感器大量生产，但倾斜角传感器、方位角传感器及振动传感器等用作机器人内部传感器的时间不长，其性能尚需进一步改进。

（2）内部传感器按功能分类

① 规定位置、规定角度的检测。

检测预先规定的位置或角度，可以用 ON/OFF 两个状态值。这种方法用于检测机器人的起始原点、越限位置或确定位置。

微型开关：规定的位移或力作用到微型开关的可动部分（称为执行器）时，开关的电气触点断开或接通。限位开关通常装在盒里，以防外力的作用或水、油、尘埃的侵蚀。

光电开关：由 LED 光源和光敏二极管或光敏晶体管等光敏元件相隔一定距离而构成的

透光式开关。当光由基准位置的遮光片通过光源和光敏元件的缝隙时,光射不到光敏元件上,而起到开关的作用。

② 位置、角度测量。

测量机器人关节线位移和角位移的传感器是机器人位置反馈控制中必不可少的元件。

a. 电位器。电位器可作为直线位移和角位移检测元件,其结构形式如图 14-8 所示。

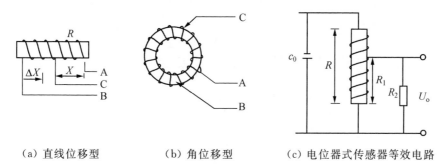

　　　　（a）直线位移型　　　（b）角位移型　　　（c）电位器式传感器等效电路

图 14-8　电位器式传感器类型和电路原理图

为了保证电位器的线性输出,应使等效负载电阻远远大于电位器总电阻。电位器式传感器结构简单,性能稳定,使用方便,但分辨率不高,且当电刷和电阻之间接触面磨损或有尘埃附着时会产生噪声。

b. 旋转变压器。旋转变压器由铁芯、两个定子线圈和两个转子线圈组成,是测量旋转角度的传感器。定子和转子由硅钢片与坡莫合金叠层制成。

在各定子线圈加上交流电压,转子线圈中由于交链磁通的变化而产生感应电压。感应电压和励磁电压之间相关联的耦合系数随转子的转角变化而改变。因此,根据测得的输出电压,就可以知道转子转角的大小。可以认为,旋转变压器是由随转角变化且耦合系数为 $K\sin\theta$ 或 $K\cos\theta$ 的两个变压器构成的。

定子上两个绕组的励磁电压为

$$E_{s1} = E\cos\omega t$$
$$E_{s2} = E\sin\omega t \tag{14-5}$$

转子上两个绕组的输出电压为

$$E_{r1} = K(E_{s1}\cos\theta - E_{s2}\sin\theta) = KE\cos(\omega t + \theta) \tag{14-6}$$
$$E_{r2} = K(E_{s2}\cos\theta + E_{s1}\sin\theta) = KE\sin(\omega t + \theta) \tag{14-7}$$

可见,转子绕组输出电压幅值与励磁电压的幅值成正比,对励磁电压的相位移等于转子的转动角度 θ,检测出相位,即可测出角位移。

c. 编码器。编码器输出表示位移增量的编码器脉冲信号,并带有符号。根据检测原理,编码器可分为光电式、磁式、感应式和电容式。根据其刻度表示方法及信号输出形式,编码器分为增量式和绝对式。作为机器人位移传感器,光电式编码器的应用最为广泛。

光电式编码器的工作原理如图 14-9 所示,在圆盘上有规律地刻有透光和不透光的线条,在圆盘两侧安装发光元件和光敏元件。当圆盘旋转时,光敏元件接收的光通量随透光线条同步变化,光敏元件输出波形经过整形后变为脉冲,码盘上有 Z 相标志,每转一圈输出一个脉冲。此外,为判断旋转方向,主刻度盘还可提供相位相差 90°的两路脉冲信号。

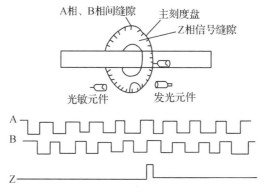

图 14-9　光电式编码器工作原理及输出波形

绝对式编码器与增量式编码器的不同之处在于圆盘上透光和不透光的线条图形。绝对式编码器可有若干编码,根据从主刻度盘上读出的编码,检测绝对位置。编码的设计可采用二进制码、循环码、二进制补码等。

磁式编码器在强磁性材料表面上记录等间隔的磁化刻度标尺,标尺旁边相对放置磁阻效应元件或霍尔元件,即能检测出磁通的变化。与光电式编码器相比,磁式编码器的刻度间隔大,但它具有耐油污、抗冲击等特点。人们期待着磁式编码器和具有高分辨率的光电式编码器能尽早地用作机器人的内部传感器。

（3）速度、角速度测量

速度、角速度测量是驱动器反馈控制中必不可少的环节。有时也利用测位移传感器测量速度及检测单位采样时间位移量,然后通过 F/V 转换器变成模拟电压,但这种方法有其局限性,在低速时,存在不稳定的风险;而高速时,只能获得较低的测量精度。

最通用的速度、角速度传感器是测速发电机或被称为转速表的传感器、比率发电机。恒定磁场中的线圈发生位移,线圈两端的感应电压 E 与线圈内交链磁通的变化率成正比,输出电压为

$$E = \frac{-\mathrm{d}\varphi}{\mathrm{d}t} \tag{14-8}$$

根据这个原理,测量角速度的测速发电机,可按其构造分为直流测速发电机、交流测速发电机和感应式交流测速发电机。

（4）加速度测量

随着机器人的高速比和高精度化,由机械运动部分刚性不足所引起的振动问题开始受到关注。为了解决振动问题,有时在机器人的运动手臂等位置安装加速度传感器,测量振动加速度,并把它反馈到驱动器上。加速度传感器分为以下几种。

① 应变片加速度传感器。应变片加速度传感器是由一个板簧支承重锤所构成的振动系统。在板簧两面分别贴两个应变片,应变片受振动产生应变,其电阻值的变化通过电桥电路的输出电压被检测出来。

② 伺服加速度传感器。伺服加速度传感器中振动系统重锤位移变换成与之成正比的

电流,把电流反馈到恒定磁场中的线圈,使重锤返回到原来的零位移状态。由 $F=ma=ki$,根据检测的电流可以求出加速度。

③ 压电感应加速度传感器。压电感应加速度传感器是利用具有压电效应的物质,将加速度转换为电压,即

$$U=\frac{Q}{AC_P}=\frac{d_{ij}F}{C_P} \tag{14-9}$$

$$a=\frac{UC_P}{d_{ij}Fm} \tag{14-10}$$

式中:C_P 为压电元件电容;d_{ij} 为压电常数;U 为电压;m 为质量。

(5) 其他内部传感器

除上面介绍的常用内部传感器外,还有一些根据机器人的不同要求而安装的具有不同功能的内部传感器,如用于倾斜角测量的液体式倾斜角传感器、电解液式倾斜角传感器、垂直振子式倾斜角传感器,用于方位角测量的陀螺仪和地磁传感器。这些传感器有待进一步完善。

2. 外部传感器

(1) 概述

为了检测作业对象及环境或机器人与它们间的关系,在机器人上安装了触觉传感器、视觉传感器、力觉传感器、接近觉传感器、超声波传感器和听觉传感器,大大改善了机器人工作状况,使其能够更充分地完成复杂的工作。由于外部传感器为集多门学科于一身的产品,有些方面还在探索中。随着外部传感器的进一步完善,机器人的功能越来越强大,将在许多领域为人类做出更大贡献。

(2) 外部传感器按功能分类

① 触觉传感器。

触觉是接触、冲击、压迫等机械刺激感觉的综合。触觉可以用来进行机器人抓取,进一步感知物体的形状、软硬等物理性质。对机器人触觉的研究,只能集中于扩展机器人能力所必需的触觉功能,一般把检测感知和外部直接接触而产生的接触觉、压力、触觉及接近触觉的传感器称为机器人触觉传感器。

a. 接触觉。接触觉是通过与对象物体彼此接触而产生的,所以最好使用手指表面高密度分布触觉传感器阵列,其柔软,易于变形,可增大接触面积,并且有一定的强度,便于抓握。接触觉传感器可检测机器人是否接触目标或环境,用于寻找物体或感知碰撞。接触觉传感器主要有以下几种。

机械式传感器。利用触点的接触或断开获取信息,通常采用微动开关来识别物体的二维轮廓,由于其结构关系而无法高密度列阵。

弹性式传感器。这类传感器都由弹性元件、导电触点和绝缘体构成。如采用导电性石墨化碳纤维、氨基甲酸乙酯泡沫、印制电路板和金属触点构成的传感器,碳纤维被压后,与金属触点接触,开关导通。也可由弹性海绵、导电橡胶和金属触点构成,导电橡胶受压后,海绵

变形,导电橡胶和金属触点接触,开关导通。还可由金属和铰青铜构成,被绝缘体覆盖的青铜箔片被压后与金属接触,触点闭合。

光纤传感器。这种传感器包括由一束光纤构成的光缆和一个可变形的反射表面。光通过光纤束投射到可变形的反射材料上,反射光按相反方向通过光纤束返回。如果反射表面是平的,那么通过每条光纤所返回的光的强度是相同的。如果反射表面因与物体接触受力而变形,则反射的光强度不同。用高速光扫描技术进行处理,即可得到反射表面的受力情况。

b. 接近觉。接近觉是一种粗略的距离感觉。接近觉传感器的主要作用是在接触对象之前获得必要的信息,用来探测在一定距离范围内是否有物体接近、物体的接近距离和对象的表面形状及倾斜等状态,一般用 1 和 0 两种状态表示。

以光学接近觉传感器为例,其结构如图 14-10 所示,由发光二极管和光敏晶体管组成。发光二极管发出的光经反射被光敏晶体管接收,接收到的光强和传感器与目标的距离有关。输出信号 Uout 是距离 x 的函数,即 Uout$=f(x)$。红外信号被调制成某一特定频率,可大大提高信噪比。

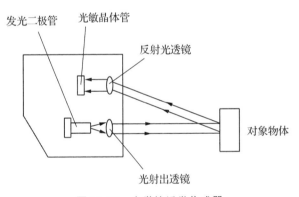

图 14-10　光学接近觉传感器

在机器人中,接近觉传感器主要用于对物体的抓取和躲避。接近觉一般用非接触式测量元件,如霍尔效应传感器、电磁式接近开关和光学接近传感器。

c. 滑觉。机器人在抓取未知属性的物体时,其自身应能确定最佳握紧力的给定值。当握紧力不够时,要检测被握紧物体的滑动,利用该检测信号,在不损害物体的前提下,考虑最可靠的夹持方法,实现此功能的传感器称为滑觉传感器。

滑觉传感器有滚轮式、球式和振动式。物体在传感器表面上滑动时,和滚轮或环相接触,把滑动变成转动。

如图 14-11 所示,在滚轮式滑觉传感器中,滑动物体引起滚轮滚动,用磁铁和静止的磁头或光传感器进行检测。这种传感器只能检测到一个方向的滑动。球式传感器用球代替滚轮,可以检测各个方向的滑动。振动式滑觉传感器表面伸出的触针能和物体接触,物体滚动时,触针与物体接触而产生振动,这个振动由压点传感器或磁场线圈结构的微小位移计检测。

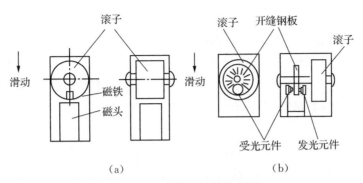

图 14-11　滚轮式滑觉传感器

② 力觉传感器。

力觉是指对机器人的指、肢和关节等在运动中所受力的感知,主要包括腕力觉、关节力觉和支座力觉等。根据被测对象的负载,可以把力觉传感器分为测力传感器(单轴力觉传感器)、力矩表(单轴力矩传感器)、手指传感器(检测机器人手指作用力的超小型单轴力觉传感器)和六轴力觉传感器。根据力的检测方式不同,力觉传感器可以分为:检测应变或应力的应变片式传感器,利用压电效应的压电元件式传感器,用位移计测量负载产生的位移的差动变压器、电容位移计式传感器,其中应变片式传感器被机器人广泛采用。

在选用力觉传感器时,首先要特别注意额定值,其次在机器人对力的控制过程中,力的精度意义不大,重要的是分辨率。另外,在机器人上实际安装使用力觉传感器时,一定要事先检查操作区域,清除障碍物。这对实操者的人身安全、对保证机器人及外围设备不受损害都有重要意义。

③ 距离传感器。

距离传感器可用于机器人导航和回避障碍物,也可用于机器人对空间内的物体进行定位及确定其一般形状特征。目前最常用的测距法有两种。

a. 超声波测距法。超声波是频率为 20 kHz 以上的机械振动波,利用发射脉冲和接收脉冲的时间间隔可推算出距离。超声波测距法的缺点是波束较宽,其分辨率受到严重的限制。因此,超声波测距主要用于导航和回避障碍物。

b. 激光测距法。激光测距法可以利用回波法,或者利用激光测距仪。其工作原理如下:将氦氖激光器固定在基线上,在基线的一端由反射镜将激光点射向被测物体,反射镜固定在电动机轴上,电动机连续旋转,使激光点稳定地对被测目标扫描。由 CCD(电荷耦合器件)摄像机接收反射光,采用图像处理的方法检测出激光点图像,并根据位置坐标及摄像机光学特点计算出激光反射角。利用三角测距原理即可算出反射点的位置。

④ 其他外部传感器。

除以上介绍的机器人外部传感器外,还可根据机器人的特殊用途安装听觉传感器、味觉传感器及电磁波传感器,这些机器人主要用于科学研究、海洋资源探测或食品分析、救火等方面。这些传感器多数还处于开发阶段,有待更进一步完善,以丰富机器人专用功能。

⑤ 传感器融合。

系统中使用的传感器种类和数量越来越多,每种传感器都有一定的使用条件和感知范围,并且能给出环境或对象的部分或整个侧面的信息。为了有效地利用这些传感器信息,需要采用某种形式对传感器信息进行融合处理。不同类型信息的多种形式的处理系统就是传感器融合。传感器的融合技术涉及神经网络、知识工程、模糊理论等信息、检测、控制领域的新理论和新方法。

目前,要使多传感器信息融合体系化尚有困难,而且缺乏理论依据。多传感器信息融合的理想目标应是人类的感觉、识别、控制体系,但由于对后者尚无一个明确的工程学的阐述,所以,机器人传感器融合体系要具备什么功能尚是一个模糊的概念。相信随着机器人智能水平的提高,多传感器信息融合理论和技术将会逐步完善和系统化。

项目拓展

一、电荷耦合图像传感器——CCD 摄像法测量直径实操

1. 实操目的
通过本实操进一步加深对电荷耦合器件(CCD)工作原理和具体应用的认识。

2. 实操原理
CCD 的重要应用是作为摄像器件,它将二维光学图像信号通过驱动电路转变成一维的视频信号输出。当光学镜头将被摄物体成像在 CCD 的光敏面上,每一个光敏单元(MOS 电容)的电子势阱就会收集根据光照强度产生的光生电子,每个势阱中收集的电子数与光照强度成正比。在 CCD 电路时钟脉冲的作用下,势阱中的电荷信号会依次向相邻的单元转移,从而有序地完成载流子的运输和输出,成为视频信号。

用图像采集卡将模拟的视频信号转换成数字信号,在计算机上实时显示,用实操软件对图像进行计算处理,就可获得被测物体的轮廓信息。

3. 实操所需部件
CCD 摄像机、被测目标(圆形测标)、CCD 图像传感器实操模块、视频线、图像采集卡、实操软件。

4. 实操步骤
① 根据图像采集卡光盘安装说明在计算机中安装好图像卡驱动程序与实操软件。

② 在被测物体前安装好摄像头,连接 12 V 稳压电源,视频线连接图像卡与摄像头。

③ 检查无误后开启主机电源,进入测量程序,启动图像采集程序后,屏幕窗口即显示被测物体的图像,适当地调节 CCD 镜头与前后的位置及光圈,使目标图像最为清晰。

④ 尺寸标定。先取一标准直径的圆形目标($D_0 = 10$ mm),根据测试程序测定其屏幕图像的直径 D_1(单位用像素表示),则测量常数 $K = D_1/D_0$。

⑤ 保持 CCD 镜头与测标座的距离不变,更换另一未知直径的圆形目标,利用测试程序

测得其在屏幕上的直径,除以系数 K,即得该目标的直径。

5. 注意事项

CCD 摄像机电源禁止乱接,以免造成损坏。

6. 思考题

如何利用此方法测量方形物体的尺寸?

二、微生物传感器在环境中的应用实例

纯的生物分子如酶、抗体等能为各种生物传感器提供识别元件,尽管这些提纯的生物分子具有很高的反应活性,但它们通常较昂贵且稳定性差。因此,在环境监测生物传感器中,一般将整个微生物细胞如细菌、酵母、真菌用作识别元件。这些微生物通常从活性泥状沉积物、河水、瓦砾和土壤中分离出来。利用微生物的新陈代谢机能制成的微生物传感器可进行污染物的检测和分析。

1. BOD 微生物传感器生化需氧量(BOD)的测定是微生物传感器的一个典型应用

用传统方法测 BOD 需要 5 天,而且操作复杂。BOD 微生物传感器只需要 15 分钟就能测出结果。该传感器由氧电极和微生物固定膜组成(利用的微生物有假单胞菌、异常汉逊酵母、活性淤泥菌、丝孢酵母菌、枯草芽孢杆菌等)。当加入有机物(如葡萄糖)时,固定化的微生物分解有机物,致使微生物呼吸作用增加,从而导致溶解氧减少,使氧电极电流响应速度下降,直到被测溶液向固化微生物膜扩散的氧量与微生物呼吸消耗的氧量之间达到平衡,便得到相应的稳定电流值。

2. 监测藻类污染的生物传感器

水域中一些小浮游生物暴发性繁殖引起水色异常的现象称为赤潮,主要发生在近海海域。赤潮会使水域的生态系统遭到严重破坏。对引起赤潮的浮游生物进行监测已成为一个重要课题。一种名叫查顿埃勒的浮游生物是引起赤潮的重要物种,国外已研究出监测这种浮游生物的生物传感器。其原理为检测这种生物或共代谢产物产生的化学发光。此外,探测其他引起赤潮的藻类生物传感器也得到了发展。例如,监测蓝藻菌的生物传感器的作用机理是:这种藻类细胞存在一种藻青素,它能发出一种独特的荧光光谱,通过测量这种荧光可进行有效监测。

3. 硫化物微生物传感器

常用于测定硫化物的方法有分光光度法和碘量法,前者显色条件不易控制,操作烦琐;后者试剂消耗量大,成本高。微生物传感器法是一种设备简单、操作简便、成本低的新方法。硫化物微生物传感器的制备过程如下:从硫铁矿附近酸性土壤中分离筛选出一株专一性好、自氧、好氧的氧化硫硫杆菌,将适量菌体夹于两片乙酸纤维素膜之间,制成夹层式微生物膜;将氧电极的内腔注满电解液,在金阴极表面覆盖聚四氟乙烯薄膜,再将夹层膜紧贴在聚四氟乙烯膜上,制成硫化物微生物传感器。

练习题

1. 简述微波传感器的结构和工作原理。
2. 简述图像传感器的感光原理。
3. 简述 CCD 图像传感器光电转换部分的工作原理。
4. 简述生物传感器的工作原理和分类。
5. 机器人传感器分为几类？
6. 机器人外部传感器分为几类？

项目十五　信号处理与抗干扰技术

知识目标

① 了解信号放大电路和线性化处理技术。

② 了解噪声源及噪声耦合方式。

③ 了解共膜和差膜干扰。

④ 掌握常用的干扰抑制技术。

技能目标

掌握典型检测系统的实际测量方法。

项目描述

使用传感器对典型检测系统进行实际测量。

知识描述

在检测系统中,被测的非电信号经传感器处理后变换为电信号,如电压、电流和电阻等。但传感器输出的电信号往往都很微弱且输出阻抗高,输出信号在包含被测信号的同时,又不可避免地被噪声干扰。因此,传感器的输出信号不能被直接利用,必须经过信号处理。所以检测系统通常由传感器、测量电路(信号转换与信号处理电路)以及显示记录部分组成。

信号转换与信号处理电路的任务比较复杂,除了微弱信号放大、滤波外,还有诸如零点校正、线性化处理、温度补偿、误差修正、量程切换等信号处理功能,这些操作统称为信号调理,相应的执行电路统称为信号调理电路。信号调理电路的重点为微弱信号放大和线性化处理。

检测装置的抗干扰问题,实际上也是电子测量装置的抗干扰问题。为了有效地防止干扰,首先必须弄清干扰的类型、来源及传送方式,这样才能根据不同的情况,提出相应的抗干扰措施,从而达到消除或减弱干扰的目的。

一、信号的放大与隔离

信号放大电路是传感器信号调理最常用的电路。目前的放大电路几乎都采用运算放大器,由于其输入阻抗高、增益大、可靠性高、价格低廉、使用方便,因而得到了广泛应用。常用的放大器有运算放大器、测量放大器、可编程增益放大器和隔离放大器,在实际应用中,由于测量仪表的安装环境和输出特性千差万别,也很复杂,因此选用哪种类型的放大器应取决于应用场合和系统要求。

1. 运算放大器

对一个单纯的微弱信号,通常可以采用运算放大器进行放大,如图 15-1 所示。其中 U_s 为传感器输出的电压,运算放大器为反相输入接法,U_o 为放大后的输出电压。

$$U_o = -\frac{R_1}{R_2}U_s \qquad (15\text{-}1)$$

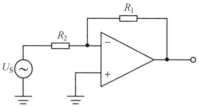

图 15-1 运算放大器放大电路

此时运算放大器也可以接成同相输入形式,由于传感器的工作环境往往比较恶劣,在传感器的两个输出端经常产生干扰较大的信号,有时是完全相同的干扰信号(称为共模干扰)。虽然运算放大器对直接输入或同相输入的共模信号有较强的抑制能力,但是对简单的反相输入或同相输入接法,由于电路结构不对称,抵御共模干扰的能力很差,故不能用在精密测量场合。

2. 测量放大器

测量放大器又称为仪用放大器、数据放大器,特别适用于微弱信号放大和具有较大共模干扰的场合。测量放大器除了适用于对微弱信号进行线性放大外,还担负着阻抗匹配和抗共模干扰的任务,它具有高共模抑制比、高速度、高精度、高频带、高稳定性、高输入阻抗、低输出阻抗、低噪声等特点。

测量放大器通常由三个运算放大器构成,如图 15-2 所示。其中,N_1、N_2 构成同相并联差动放大器,差动输入信号和共模输入信号从 N_1、N_2 的同相输入,所以它的差动输入电阻和共模输入电阻都很大。对 N_1、N_2 来说,电路的平衡对称机构也有助于失调及其漂移影响的互相抵消。运算放大器 N_3 接成差动式输入,它不但能割断共模信号的传递,还能将 N_1、N_2 的双端输出变成单端输出,以适应接地负载的需要。不难证明这个电路的电压放大倍数为

$$K_u = \frac{R_4}{R_3}\left(1+\frac{2R_2}{R_1}\right) \qquad (15\text{-}2)$$

调整 R_1 即可改变放大倍数。

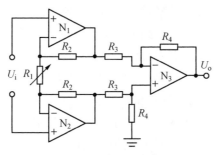

图 15-2 测量放大器原理图

测量放大器所采用的上述电路形式,使它具有输入阻抗高、增益调节方便、漂移相互补偿以及输出不包含共模信号等一系列优点。这种放大器在许多高精度、低电平的放大方面极其有用,而且由于它的共模抑制能力强,所以能从高的共模信号背景中检测出微弱的有用信号。

目前各模拟器件公司竞相推出了许多型号的单片测量放大器芯片,供用户选择使用。因此信号处理中须对微弱信号放大时,可以不必再用分立的通用运算放大器来构成测量放大器。采用单片测量放大器芯片显然具有性能优异、体积小、电路结构简单、成本低等优点。例如,ADI 公司推出的 AD521 和 AD522,就是最常用的单片精密测量放大器。

3. 程控增益放大器(PGA)

在许多实际应用中,特别是在通用测量仪器中,为了在整个测量范围内获取合适的分辨率,常采用可变增益放大器。可变增益放大器的增益由仪器内置计算机的程序控制,这种由程序控制增益的放大器,称为程控增益放大器(Programmable Gain Amplifier,PGA)。

程控增益放大器是由通过运算放大器和模拟开关控制的电阻网络组成。模拟开关由数字编码控制,数字编码可用数字硬件电路实现,也可由计算机硬件根据需要来控制。电路通过数字编码控制模拟开关切换不同的增益电阻,从而实现放大器增益的软件控制。

根据程控增益放大器的基本原理,程控增益放大器有多种实现方法。

① 最简单的实现方法是基于上述基本原理实现的程控增益放大器。电路由运算放大器、模拟开关、数据锁存器和一个电阻网络组成。其特点是可通过选用精密测量电阻和高性能模拟开关组成精密程控增益放大器,但缺点是漂移较大,输入阻抗不高,电路比较复杂。

② 利用 D/A 转换器实现程控增益放大器。D/A 转换器内部有一组模拟开关的电阻网络,用它代替运放反馈部件,与仪表放大器一起可组成程控增益放大/衰减器,再配合软件判断功能就可实现数据采集系统量程的自动切换。

③ 选用集成程控运算放大器。随着半导体集成电路的发展,目前许多半导体器件厂家将模拟电路与数字电路集成在一起,推出单片集成数字程控增益放大器,如 BURR-BROWN 公司的 PGAXXX 系列产品 PGA101、PGA203、PGA206 等,它们具有低漂移、低非线性、高共模抑制比和宽通频带等优点,使用简单方便,但增益量程有限,只能实现特定的几种增益切换。

④ 采用数字电位器实现程控增益放大器。数字电位器是一种具有数字接口的有源器

件,可以很方便地与微控器连接来精确调整其阻值。它具有耐冲击、抗振动、噪音小、使用寿命长等优点,更重要的是它可以代替电路中的机械电位器,容易实现控制自动化和操作上的智能化,在自动测控系统和智能仪器中得到越来越广泛的应用。例如,应用较为典型的是美国 Xicor 公司推出的 X 系列固体非易失性数字电位器产品 E2POT。

上述几种实现方法各有不同的特点和应用场合,在实际应用中,程控增益放大器的实现要根据不同的要求,选择相应的实现方式。为了提高程控增益放大倍数的精度,电路要选用精密电阻网络并要精密匹配,同时要减小电路中控制开关导通电阻的影响,并要根据精度的不同要求选用不同级别的模拟开关。随着程控增益放大器电路的精度越来越高,应用越来越简单方便,它在自动测控系统和各种智能仪器仪表中得到了越来越多的应用,并大大加速了测控系统和仪器仪表的自动化、智能化及集成化发展。

4. 隔离放大器

隔离放大器是一种特殊的测量放大电路,其输入、输出和电源电路之间没有直接电路耦合,即信号在传输过程中没有公共的接地端。隔离放大器输入电路和放大器输出之间有欧姆隔离的器件,它是在自动化控制系统中对电压、电流、AC 交流电、4～20 mA 电流、0～5 V 电压、毫伏电压、PWM 脉冲、频率、Pt100 热电阻、正弦波、方波、电位器、转速等各种信号进行变送、转换、隔离、放大、远传的集成电路,可与各种工业传感器配合使用,满足用户本地监视远程数据采集的需求。

(1) 隔离放大器的作用

隔离放大器既可用于防止数据采集器件遭受远程传感器出现的潜在破坏性电压的影响,也可用于在多通道应用中放大低电平信号,还可以消除由接地环路引起的测量误差。由于不需要附加隔离电源,带有内部变压器的隔离放大器可以降低电路成本。

(2) 隔离放大器的主要参数

① 非线性度。

非线性度的定义为实际传输特性与最佳直线的最大偏差,以满量程输出的百分比表示,一般为±0.05(%)。其值常与输出幅度有关,如有的隔离放大器当输出为±5 V 时,非线性度为±0.05(%);当输出为±10 V 时,非线性度为±0.2(%)。

② 最大安全差动输入。

最大安全差动输入的定义为可以跨接在两输入端的最大安全电压。若隔离放大器的输入端内部有保护电阻,则该电压可高达百伏以上,否则仅为±13 V 左右。有瞬态高压的信号源时,该参数很重要。

③ 共模抑制比。

共模抑制比分为两种,一种是输入端到护卫端的共模抑制比 CMRRIN,另一种是输入端到输出端的共模抑制比 CMRRIO。隔离放大器的共模误差为 CMRRIN 和 CMRRIO 所造成的误差之和。

④ 漏电流。

漏电流的定义为市电加在输出端与系统地(输出地)之间时,在输入端的最大电流。(在生物医学、医疗设备应用时需要注意漏电流。）

⑤ 输入噪声。

输入噪声即隔离放大器内部噪声折算到输入端的总噪声。

⑥ 隔离电源。

隔离电源为隔离放大器可向外部电路提供的、与供电电源完全隔离的电源，一般为正负双电源。

（3）隔离放大器的工作原理

隔离放大器是一种对输入和输出电路（包括相关电源）进行电位隔离的放大器，能确保输入和输出之间没有导电路径。输入和输出电路之间的漏电流极低，而且电介质击穿电压很高。输入级是差分放大器，用于衰减共模电压，它之所以能做到这一点，是因为输入信号彼此间相差不到 1 V，并且放大器是浮动的，不以地为基准，通过精心设计和布局，能最大限度地减少各部分之间的杂散电容耦合，以免影响隔离。各部分之间的隔离由变压器、电容或光学耦合提供，这些耦合方法通常会阻止信号的直流和低频成分。利用输入信号调制一个载波并发送全信号频谱，然后在器件输出端通过解调予以恢复，可以避免上述缺点。输入端和输出端均使用隔离电源。

（4）隔离放大器的组成

隔离放大器由仪器放大器（或运放）和单位增益隔离级构成。单位增益隔离级完全隔离了器件的输入和输出（欧姆隔离），使电信号没有欧姆连续性。隔离放大器的组成有：

仪用放大器＋隔离电路＝隔离仪器放大器

运放＋隔离电路＝隔离放大器

（5）隔离放大器的理想特性

理想的隔离放大器要求电信号完全没有欧姆连续性，被传送的信号则要求无任何衰减，信号源不必接地。

（6）隔离放大器的应用领域

隔离放大器优良的输入和输出欧姆隔离特性，使它适用于医疗监护仪器和患者之间的接口。隔离放大器隔离电平高且漏电流极小，对保护电子仪器有重要的作用，其主要应用领域如下：

① 应用于便携式测量仪器和某些测量系统中，能在噪声环境下以高阻抗、高共模抑制能力传送信号。

② 应用于生物医学测量中，确保人体不受超过 10 μA 以上漏电流和高电压（可达几百伏甚至数千伏）的危害。

③ 应用于工业中，防止因故障而使电网电压对低压信号电路（包括计算机）造成损坏。

（7）隔离放大器的分类

① 按隔离模式分类可分为两口隔离和三口隔离。两口隔离指信号输入部分和信号输出部分欧姆隔离，采取其他措施进行电源隔离；三口隔离指输入、输出和供电三部分彼此欧

姆隔离。

② 按隔离方法分类可分为光电隔离、电容隔离和变压器隔离(电磁隔离)。

二、线性化处理技术

在自动检测系统中,利用多种传感器把各种被测量转换成电信号时,大多数传感器的输出信号和被测量之间的关系并非是线性关系。这是因为不少传感器的转换原理并非线性的,而且采用的电路(如电桥电路)也是非线性的。要解决这个问题,在模拟量自动检测系统中可采用三种方法:缩小测量范围,取近似值;采用非均匀的指示刻度;增加非线性校正环节。显然,前两种方法的局限性和缺点比较明显。下面我们着重介绍增加非线性校正环节的方法。

通常我们在设计测量仪表时总希望得到均匀的指示刻度,这样仪表读数看起来清楚、方便。另外,如果仪表的刻度特性为线性的,就能保证仪表在整个量程内灵敏度是相同的,从而有利于分析和处理测量结果。为了保证测量仪表的输出与输入之间具有线性关系,就需要在仪表中引入一个特殊环节,用它来补偿其他环节的非线性,这就是非线性校正环节或称为线性化器。

测量仪表静态特性非线性的校正方法通常有两种:一种是开环式非线性校正法,另一种是非线性反馈校正法。这里着重介绍前一种方法。

具有开环式非线性校正的测量仪表,其结构原理可用图 15-3 所示的框图表示。

$$x \rightarrow \boxed{传感器} \xrightarrow{u_1} \boxed{放大器} \xrightarrow{u_2} \boxed{线性化器} \xrightarrow{u_0}$$

图 15-3 开环式非线性校正电路框图

传感器将被测物理量转换成电量 u_1,这种转换通常是非线性的。电量 u_1 经放大器放大后变为电量 u_2,放大器一般是线性的。引入线性化器的作用是利用它本身的非线性补偿传感器的非线性,使整台仪表的输出 u_0 和输入 x 之间具有线性关系。

显然这里要解决的关键问题有两个:一是在给定 u_0-x 线性关系的前提下,根据已知的 u_1-x 非线性关系和 u_1-u_2 线性关系求出线性化器应当具有的 u_1-u_2 非线性关系;二是设计适当的电路实现线性化器的非线性特性。工程上求取线性化器非线性特性的方法有两种,分述如下。

1. 解析计算法

设图 15-4 所示的传感器特性的解析式为

$$u_1 = f_1(x) \tag{15-3}$$

放大器特性的解析式为

$$u_2 = ku_1 \tag{15-4}$$

要求测量工具具有的刻度方程为

$$u_0 = sx \tag{15-5}$$

将以上三式联立,消去中间变量 u_1 和 x,就得到线性化器非线性特性的解析式

$$u_2 = k f_1 \left(\frac{u_0}{s} \right) \tag{15-6}$$

根据式(15-6)即可设计线性化器的具体电路。

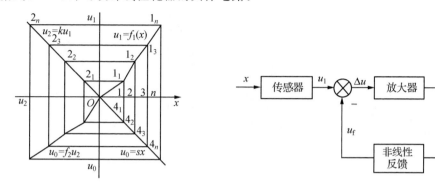

图 15-4 图解法求线性化器特性   图 15-5 非线性反馈补偿原理图

2. 图解法

当传感器等环节的非线性特性用解析式表示比较复杂或比较困难时,我们可用图解法(图 15-4)求取线性化器的输入-输出特性曲线。图解法的步骤如下:

① 将传感器特性曲线作于直角坐标系的第一象限,$u_1 = f_1(x)$。

② 将放大器线性特性作于第二象限,$u_2 = k u_1$。

③ 将整台测量仪表的线性特性作于第四象限,$u_0 = s x$。

④ 将 x 轴等分成 n 段,段数 n 由精度要求确定。由点 1、2、3…n 作 x 轴的垂线,分别与曲线 $u_1 = f_1(x)$ 及第四象限中的直线 $u_0 = s x$ 交于 1_1、1_2、1_3…1_n 及 4_1、4_2、4_3…4_n 各点。之后以第一象限中的这些点作 x 轴的平行线,与第二象限中的直线 $u_2 = k u_1$ 交于 2_1、2_2、2_3…2_n 各点。

⑤ 由第二象限各点作 x 轴的垂线,再由第四象限各点作 x 轴的平行线,两者在第三象限的交点的连线即为校正曲线 $u_0 = f_2 u_2$。这也是线性化器的非线性特性曲线。

对测量仪表中非线性环节的校正还可以采用非线性反馈补偿法,其原理可由图 15-5 给出的框图表示。

在放大器上增加非线性反馈之后,使 u_0 与 u_1 之间出现非线性关系,用以补偿传感器的非线性,从而使整台仪表输入-输出特性具有线性特性。

3. 非线性校正电路

当我们用解析法或图解法求出线性化器的输入-输出特性曲线之后,接下来的问题就是如何用适当的电路来实现它。显然在这类电路中需要有非线性元件,或者利用某种元件的非线性区域,如将二极管或三极管置于运算放大器的反馈回路中构成的对数运算放大器就能对输入信号进行对数运算,构成非线性函数运算放大器可用于射线测厚仪的非线性校正电路中。目前最常用的是利用二极管组成非线性电阻网络,配合运算放大器产生折线形式的输入-输出特性曲线。由于折线可以分段逼近任意曲线,从而可得非线性校正环节(线性化器)所需要的特性曲线。

折线逼近法如图 15-6 所示。将非线性校正环节所需要的特性曲线用若干有限的线段代替，然后根据各转折点 x_i 和各段折线的斜率 k_i 来设计电路。

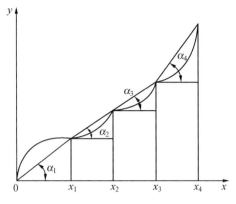

图 15-6　折线逼近法

根据折线逼近法所作的各段折线可用下列方程表示：

$$y = k_1 x, \quad x_1 > x > 0$$

$$y = k_1 x + k_2 (x - x_1), \quad x_2 > x > x_1$$

$$y = k_1 x + k_2 (x_2 - x_1) + k_3 (x_3 - x_2), \quad x_3 > x > x_2$$

$$\vdots$$

$$y = k_1 x + k_2 (x_2 - x_1) + k_3 (x_3 - x_2) + \cdots + k_{n-1} (x_{n-1} - x_{n-2}) + k_n (x_n - x_{n-1}), \quad x_n > x > x_{n-1}$$

式中：x_i 为折线的各转折点，k_i 为各线段的斜率，$k_1 = \tan\alpha_1$，$k_2 = \tan\alpha_2$，$\cdots$，$k_n = \tan\alpha_n$。

可以看出，转折点越多，折线越逼近曲线，精度也越高。但转折点太多则会因电路本身的误差而影响精度。在校正电路中通常采用运算放大器，当输入电压在不同范围时，相应改变运算放大器的增益，从而获得所需要的斜率。

三、噪声源

在检测装置中，信号在传输过程的各个环节中，不可避免地要受到各种噪声的干扰，从而使信号产生不同程度的畸变，即为失真。根据干扰的来源，噪声源可分为内部噪声源和外部噪声源两大类。

1. 内部噪声源

内部噪声又称固有噪声，它是由检测装置的各种元件内部产生的。由检测装置内部元件的物理性的无规则波动所形成的固有噪声源有三种，即热噪声、散粒噪声和接触噪声。

（1）热噪声

热噪声（又称电阻噪声）是由于电阻中电子的热运动所产生的。因为电子的热运动是无规则的，因此电阻两端的噪声电压也是无规则的，它所包含的频率成分是十分复杂的。电阻两端的热噪声电压有效值可表示为

$$U_t = \sqrt{4kTR\Delta f} \tag{15-7}$$

式中：k 为玻尔兹曼常数；T 为绝对温度（K）；R 为电阻；f 为噪声带宽（Hz）。上式表明，热噪

声电压的有效值与电阻值的平方根成正比。因此减小电阻、带宽和降低温度有利于降低热噪声。

（2）散粒噪声

散粒噪声存在于电子管和晶体管中，是通过晶体管基区的载流子的无规则扩散以及电子-空穴对的无规则运动和复合形成的。

（3）接触噪声

接触噪声是由于两种材料之间不完全接触，从而形成电导率的起伏而产生的，它发生在两个导体连接的地方，如继电器的接点、电位器的滑动接点等。接触噪声的大小正比于直流电流的大小，其功率密度正比于频率的倒数，其大小服从正态分布。由于接触噪声功率密度正比于频率的倒数，因此在低频时接触噪声可能是很大的。接触噪声通常是低频电路中最重要的噪声源。

2. 外部噪声源

外部噪声源主要来自自然界以及检测系统周围的电气设备，是由使用条件和外界环境决定的，与系统本身的结构无关，主要有放电噪声和电气噪声。

（1）放电噪声

各种电子设备的噪声干扰，多数是由于放电现象产生的。电子设备在放电过程中会向周围空间辐射从低频到高频的电磁波，而且会传播得很远，这种干扰电磁波对各种电子设备都有影响。放电噪声主要有电晕放电噪声、放电管（如日光灯、霓虹灯）放电噪声和火花放电噪声等几种。

（2）电气噪声

电气噪声包括工频干扰、射频干扰和电子开关干扰等几种。

① 工频干扰。大功率输电线是典型的工频噪声源。低电平的信号线只要有一段与输电线相平行，就会受到明显的干扰。如果工频的波形失真较大（如供电系统接有大容量的晶闸管设备），由于高次谐波分量增多，会产生更大的干扰。

② 射频干扰。高频感应加热、高频焊接等工业电子设备以及广播、雷达等通过辐射或通过电源线会给附近的电子测量仪器带来干扰。

③ 电子开关。电子开关虽然在通断时并不产生火花，但由于通断的速度极快，使电路中的电压和电流发生急剧变化，形成冲击脉冲，成为噪声干扰源。在一定的电路参数条件下，电子开关的通断还会带来相应的阻尼振荡，从而构成高频干扰源。

四、噪声耦合方式

检测装置受到噪声源干扰的途径叫作噪声耦合方式。噪声耦合方式可归纳为下列几种。

1. 静电耦合

由于两个电路之间存在寄生电容，使一个电路的电荷影响另一个电路，即产生静电耦合。在一般情况下，静电耦合的等效电路如图 15-7 所示。可以写出在 Z_i 上的干扰电压的

表达式为

$$U_n = j\omega C_m Z_i E_n \qquad (15\text{-}8)$$

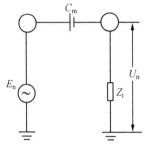

图 15-7　静电耦合等效电路

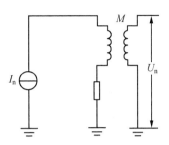

图 15-8　电磁耦合等效电路

2. 电磁耦合

电磁耦合又称互感耦合,即由于两个电路之间存在互感,一个电路的电流变化,通过磁交链影响另一个电路。电磁耦合等效电路如图 15-8 所示。根据交流电路理论,可将 U_n 写成下式:

$$U_n = j\omega M I_n \qquad (15\text{-}9)$$

式中:ω 为噪声源电流的角频率。分析上式可以得出:干扰电压 U_n 正比于噪声源电流角频率 ω、互感系数 M 和噪声电流 I_n。

3. 共阻抗耦合

共阻抗耦合即两个电路的共有阻抗使一个电路的电流在另一个电路上产生干扰电压。共阻抗耦合等效电路如图 15-9 所示。根据共阻抗耦合等效电路,U_n 的表达式应为

$$U_n = I_n Z_c \qquad (15\text{-}10)$$

显然,若要消除共阻抗耦合干扰,首先要消除两个或几个电路之间的共阻抗。

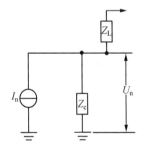

图 15-9　共阻抗耦合等效电路

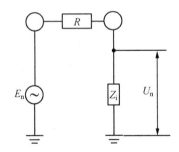

图 15-10　漏电流耦合等效电路

4. 漏电流耦合

由于绝缘不良,流经绝缘电阻 R 的漏电流所引起的噪声干扰叫作漏电流耦合,漏电流耦合等效电路如图 15-10 所示,U_n 的表达式为

$$U_n = \frac{Z_i}{R + Z_i} E_n \qquad (15\text{-}11)$$

漏电流耦合经常发生在用仪表测量较高的直流电压时,检测装置附近有较高的直流电压源时,以及高输入阻抗的直流放大器中。

五、共模与差模干扰

根据噪声进入信号测量电路的方式以及与有用信号的关系,可将噪声干扰分为差模干扰与共模干扰。

1. 差模干扰

差模干扰又称串模干扰、正态干扰、常态干扰、横向干扰等,它使检测仪器的一个信号输入端子相对另一个信号输入端子的电位差发生变化,即干扰信号与有用信号按电压源形式串联起来作用于输入端。因为它和有用信号叠加起来直接作用于输入端,所以它直接影响测量结果。

差模干扰可用图 15-11 所示的两种方式表示,图 15-11(a)为串联电压源形式,图 15-11(b)为并联电流源形式。图中左边的框中为有用信号源及内阻,U_n 表示等效干扰电压,I_n 表示等效干扰电流,Z_n 为干扰源等效阻抗,R_i 为接收器的输入电阻。

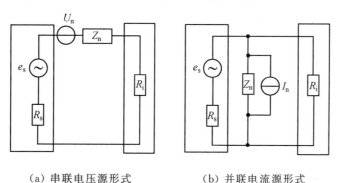

（a）串联电压源形式　　　　　（b）并联电流源形式

图 15-11　差模干扰等效电路

当干扰源的等效内阻较小时,宜用串联电压源形式;当干扰源等效内阻较高时,宜用并联电流源形式。图 15-12(a)表示用热电偶作为敏感元件,进行测温时,由于有交变磁通穿过信号传输回路,因此产生干扰电动势,造成差模干扰;图 15-12(b)表示高压直流电场通过漏电流对动圈式检流计造成差模干扰。

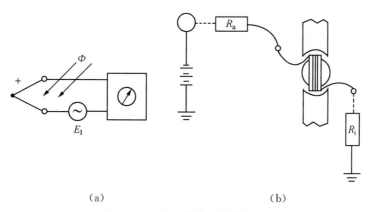

（a）　　　　　　　　　　　　（b）

图 15-12　产生差模干扰的例子

2. 共模干扰

共模干扰又称纵向干扰、对地干扰、同相干扰、共态干扰等,它是相对于公共的电位基准点(通常为接地点),在检测仪器的两个输入端子上同时出现的干扰。虽然它不直接影响测量结果,但是当信号输入电路参数不对称时,它会转化为差模干扰,对测量结果产生影响。在实际测量过程中,由于共模干扰的电压一般都比较大,而且它的耦合原理和耦合电路不易搞清楚,也比较难排除,所以共模干扰对测量的影响更为严重。

共模干扰一般用等效电压源表示,图 15-13 为其等效电路。从图中可以看出,共模干扰电流的通路只是部分地与信号电路所共有;共模干扰会通过干扰电流通路和信号电流通路的不对称性转化为差模干扰,从而影响测量结果。

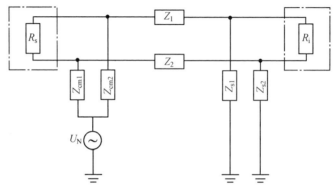

图 15-13　共模干扰等效电路

造成共模干扰的原因很多,常见的共模干扰耦合有下面几种:在检测装置附近有大功率的电气设备,因绝缘不良或三相动力电网负载不平衡,零线有较大电流时,都存在着较大的地电流和地电位差,这时,若检测系统有两个以上的接地点,则地电位差就会造成共模干扰。如图 15-14(a)所示的热电偶测温系统及图 15-14(b)所示的动力电源通过漏电阻 R 对热电偶测温系统形成共模干扰。

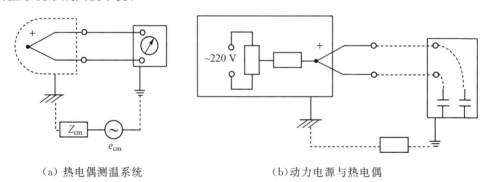

（a）热电偶测温系统　　　　　　　　（b）动力电源与热电偶

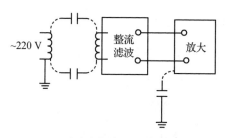

（c）动力电源与电源变压器

图 15-14　产生共模干扰的例子

在交流供电的电气测量装置中，动力电源会通过电源变压器的一次及二次侧绕组间的杂散电容、整流滤波电路、信号电路与地之间的杂散电容到地构成回路，形成工频共模干扰，如图 15-14（c）所示。

3. 共模干扰抑制比

根据共模干扰只有转换成差模干扰才能对检测装置产生干扰作用的原理可知，共模干扰对检测装置影响的大小，直接取决于共模干扰转换成差模干扰的大小。用共模干扰抑制比来表示其大小，定义为作用于检测系统的共模干扰信号与使该系统产生同样输出所需的差模信号之比，通常以对数形式表示，即

$$\text{CMRR} = 20\lg\frac{U_{cm}}{U_{cd}} \tag{15-12}$$

式中：U_{cm} 是作用于检测系统的实际共模干扰信号；U_{cd} 是使检测系统产生同样输出所需的差模信号。

共模干扰抑制比是检测装置对共模干扰抑制能力的量度。CMRR 值越高，说明检测装置对共模干扰的抑制能力越强。共模干扰抑制比有时简称为共模抑制比。图 15-15 是一个差动输入运算放大器受共模干扰的等效电路。

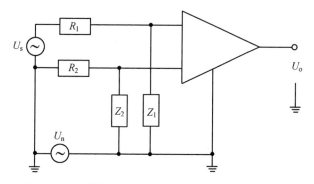

图 15-15　差动输入运算放大器受共模干扰的等效电路

从图 15-15 中可得差模干扰电压为

$$U_{cd} = U_n\left(\frac{Z_1}{R_1 + Z_1} - \frac{Z_2}{R_2 + Z_2}\right) \tag{15-13}$$

从而可求得差动运算放大器的共模抑制比为

$$CMRR = 20\lg\frac{U_n}{U_{cd}} = 20\lg\frac{(R_1+Z_1)(R_2+Z_2)}{Z_1R_2-Z_2R_1} \qquad (15\text{-}14)$$

当 $Z_1R_2 = Z_2R_1$ 时,共模抑制比趋于无穷大,但实际上很难做到这一点。一般 Z_1、$Z_2 \gg R_1$、R_2,并且 $Z_1 \approx Z_2 = Z$,则上式可简化为

$$CMRR = 20\lg\frac{Z}{R_2-R_1} \qquad (15\text{-}15)$$

通过上面的分析可知,共模干扰在一定条件下是要转换成差模干扰的,而且电路的共模抑制比与电路对称性密切相关。

六、常用的抑制干扰技术

对于在检测装置中常用的干扰抑制技术,要根据具体情况,对干扰加以认真分析,有针对性地正确使用,才能得到满意的效果。例如,高电平信号允许有较大的干扰,而信号电平越低,对干扰的限制要求也越严格。在非电量的检测技术中,动态惯量应用日趋广泛,所用的放大器、显示器、记录仪等的频带越来越宽,因此,这些装置的抗干扰问题也日趋重要。目前常用的抗干扰措施主要有如下几种。

1. 屏蔽技术

屏蔽技术是利用铜或铝等低阻材料制成的容器将需要防护的部分包起来,或利用由导磁性良好的铁磁性材料制成的容器将要防护的部分包起来。该方法主要用于防止静电或电磁干扰。

(1) 静电屏蔽

在静电场作用下,导体内部无电力线,即各点等电位。静电屏蔽利用与大地相连接的导电性良好的金属容器,使其内部的电力线不外传,同时使外部的电力线不影响其内部。

(2) 电磁屏蔽

电磁屏蔽即采用导电性良好的金属材料做成屏蔽层,利用高频干扰电磁场在屏蔽体内产生涡流,再利用涡流消耗高频干扰磁场的能量,从而削弱高频电磁场的影响。若将电磁屏蔽层接地,则同时兼有静电屏蔽的作用。

(3) 低频磁屏蔽

低频磁屏蔽即在低频磁场干扰下,采用高导磁材料作为屏蔽层,以便将干扰磁力线限制在磁阻很小的磁屏蔽体内部,防止其干扰作用。通常采用坡莫合金之类的对低频磁通有高导磁系数的材料,同时要有一定的厚度,以减少磁阻。

(4) 驱动屏蔽

驱动屏蔽就是使被屏蔽导体的电位与屏蔽导体的电位相等,其原理如图 15-16 所示。若 1∶1 电压跟随器是理想的,即在工作中导体 B 与屏蔽层 D 之间的绝缘电阻为无穷大,并且等电位,那么在导体 B 与屏蔽层 D 之间的空间无电力线,各点等电位。这时,尽管导体 B 与屏蔽层 D 之间有寄生电容 C_{s2} 存在,但因 B 与 D 是等电位的,故此寄生电容也不起作用。因此,驱动屏蔽能有效地抑制通过寄生电容的耦合干扰。

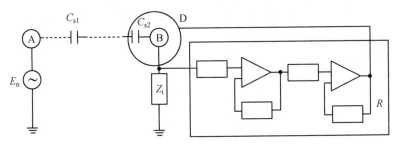

图 15-16　驱动屏蔽示意图

2. 接地技术

检测装置电路接地是为了安全,使信号电压有一个基准电位,静电屏蔽。这里主要研究用接地技术来抑制噪声干扰。

(1) 接地线的种类

在检测装置中,主要有保护接地线、信号地线、信号源地线和交流电源地线等四种接地线,一般应分别设置,以消除各地线之间的相互干扰。

(2) 检测装置的接地系统

通常在检测装置中至少要有三种分开的地线,如图 15-17 所示。若设备使用交流电源,则交流电源地线应和保护地线相连。图中三条地线应连在一起并通过一点接地。使用这种接地方式可以避免公共地线各点电位不均匀所产生的干扰。

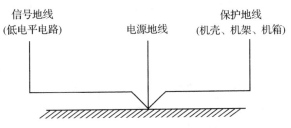

信号地线　　　　　　　　　　　　　电源地线　　　　　　保护地线
(低电平电路)　　　　　　　　　　　　　　　　　　　　(机壳、机架、机箱)

图 15-17　三种地线分开设置图

为了使屏蔽在防护检测装置不受外界电场的电容性或电阻性漏电影响时充分发挥作用,应将屏蔽线接地。但是大地各处电位很不一致,如果一个测量系统在两点接地,因两接地点不易获得同一电位,从而对两点(多点)接地电路造成干扰。这时地电位是装置输入端共模干扰电压的主要来源。因此,对一个测量电路只能一点接地。

信号电路一点接地是消除公共阻抗耦合干扰的一个重要方法。

(3) 浮置

浮置又称浮空、浮接,它是指检测装置的输入信号和放大器公共线(模拟信号地)不接机壳或大地。这种被浮置的检测装置的测量电路与机壳或大地之间无直流联系,阻断了干扰电路的通路,明显地加大了测量电路放大器公共线与地(或机壳)之间的阻抗,因此浮置与接地相比能大大减小共模干扰电流。

(4) 平衡电路

平衡电路又称对称电路,它是指双线电路中的两根导线与连接到这两根导线的所有电路,对地或对其他导线电路结构对称,对应阻抗相等。如电桥电路和差分放大器就属于平衡电路。图 15-18 是最简单的平衡电路。

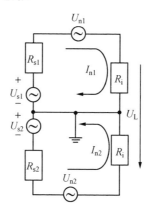

图 15-18　简单平衡电路

（5）滤波

滤波器是一种只允许某频带信号通过或只阻止某一频带信号通过的电路,是抑制噪声干扰最有效的设备之一。

（6）光耦合器

使用光耦合器切断地环路电流干扰是十分有效的,其原理如图 15-19 所示。由于两个电路之间采用光束来耦合,所以能把两个电路的地电位完全隔离开,这样两个电路的地电位即使不同也不会造成干扰。光电耦合对数字电路很适用,但在模拟电路中,因其线性度较差而较少应用。

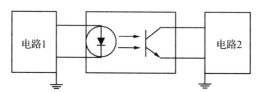

图 15-19　用于断开地路的光耦合器

（7）脉冲电路中的噪声抑制

在脉冲电路中,为了抑制脉冲型的噪声干扰,使用积分电路是有效的;也可以用硅二极管的正向压降对幅度较小的干扰脉冲加以阻挡,而让幅度较大的脉冲信号顺利通过;若是有脉冲干扰和信号的脉冲列,上述方法是不能抑制的,可以利用相关量法来抑制干扰。

总之,信号处理与抗干扰技术是传感器与检测技术所研究的重要内容,传感器必须有足够的抗干扰能力,才能取得良好的使用效果。同时,信号的处理也是获得准确测量结果的重要环节。

项 目 拓 展

一、超声波汽车测距告警装置

1. 概述

超声波测距告警装置主要用于机场、货运码头等车辆较多的场合,以避免相互间的碰撞和刮擦。它能及时提醒驾驶员注意周围车辆情况,及早采取有效措施,防止发生事故,也可用于车辆行驶中车距的保持和控制,以防止追尾。

2. 工作原理

如图 15-20 所示,整个系统由超声波发射及超声波接收部分、8031 单片机、声光报警系统、距离显示器等组成。

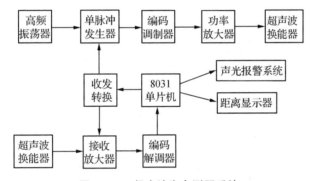

图 15-20　超声波汽车测距系统

超声波发射部分由高频振荡器、单脉冲发生器、编码调制器、功率放大器及超声波换能器组成。单脉冲发生器在振荡器的每个周期内都被触发,产生固定脉宽的脉冲序列,来自单片机的编码信号对脉冲序列进行编码调制,经功率放大后,通过超声波换能器发射超声波。

超声波接收部分由超声波换能器、接收放大器和编码解调器组成。接收到的超声波反射信号经超声波换能器转换、放大、解调后,送到单片机系统进行处理,并通过距离显示器显示车辆与飞机之间的距离,当该距离小于设定的告警距离时,启动声光报警系统报警。

为有效消除干扰,编码解调采用积累检测解调,如图 15-21 所示。V_1 为被放大后的含有干扰的接收信号,经门限检测电路与门限电压 V_0 比较后输出脉冲 V_2。单稳电路 1 和单稳电路 2 相互配合与或非门共同构成一个可以重新触发的单稳电路。通过此单稳电路,实现对脉冲序列的延时积累,其输出为 V_3,V_3 经积分器积分后输出 V_4,最后经整形电路整形后输出 V_5,并送入单片机处理。

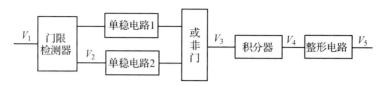

图 15-21 编码解调原理框图

3. 软件设计

软件设计流程图如图 15-22 所示。通上电初始化后,先使安装在车辆四侧的超声波收发装置处于发射状态并输出调制编码,同时开始计时,在调制编码发送完毕后,使收发装置处于接收状态,并巡回检测四侧接收装置是否接收到返回信号。当某一侧检测到返回信号时,就结束计时,并保存计时时间,同时接收返回信号编码,并将其与发送编码进行比较,若两者相符,则计算车辆与车辆间的距离,并显示距离。然后将计算机所得的距离与设定的告警距离进行比较,若小于告警距离就发出报警,否则返回重发。

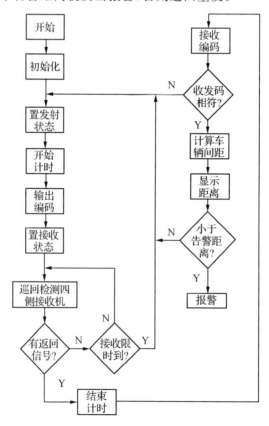

图 15-22 超声波汽车测距软件设计流程图

若四侧接收装置均没有检测到返回信号,则判断接收限时是否已到,若接收限时未到,则继续巡回检测接收装置,否则返回发射状态重发编码。

二、单片机自动测温系统

典型的由单片机控制的测温系统是由测量放大电路、A/D 转换电路和显示电路三大部分组成。

1. 硬件设计

硬件电路如图 15-23 所示。

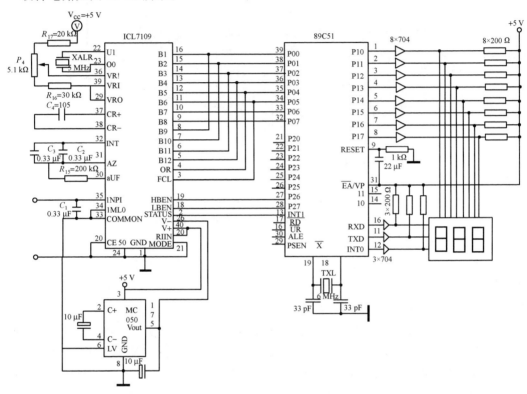

图 15-23　自动测温系统硬件电路原理图

（1）热电偶温度传感器

本系统使用镍铬-镍硅热电偶,测温范围为 0～655 ℃,冷端采用补偿电桥法,利用不平衡电桥产生的电势来补偿热电偶因冷端温度变化引起的热电势变化值。

（2）测量放大电路

如图 15-24 所示,从热电偶输出的信号最多不过几十毫伏,且其中包含工频、静电和磁耦合等共模干扰,对这种电路进行放大需要放大电路具有很高的共模抑制比以及高增益、低噪声和高输入阻抗,因此宜采用测量放大器(它有很强的抑制共模信号的能力)。

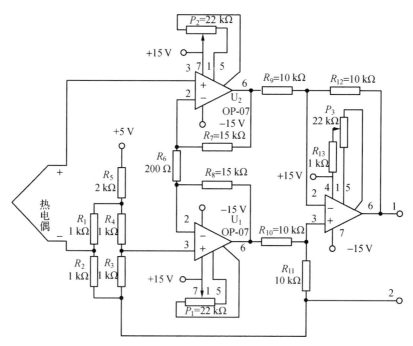

图 15-24　自动测温系统的测量放大电路原理图

（3）A/D（模数）转换电路

经过测量放大器放大后的电压信号，其电压范围为 0～5 V，此信号为模拟信号，计算机无法接收，故必须进行 A/D 转换。这里选用 ICL7109 芯片。

（4）ICL7109 与 89C51 的接口

本系统采用直接接口方式，7109 的 MODE 端接地，使 7109 工作于直接输出方式。振荡器选择端（即 OS 端，24 脚）接地，则 7109 的时钟振荡器以晶体振荡器工作，内部时钟等于 58 分频后的振荡器频率，外接晶体为 6 MHz，则时钟频率＝6 MHz/58≈103 kHz，积分时间＝2 048×时间周期＝20 ms，与 50 Hz 电源周期相同。积分时间为电源周期的整数倍，可抑制 50 Hz 的串模干扰。

（5）显示电路

采用 3 位 LED 数码管显示器，数码管的段控用 P1 口输出，位控由 P3.0、P3.1、P3.2 控制。7407 是 6 位的驱动门，它是一个集电极开路门，当输入为"0"时输出为"0"；当输入为"1"时输出断开，须接上位电路。共用两片 7407，分别作为段控和位控的驱动。数码管选共阳极接法，当位控为"1"时，该数码管选通，动态显示用软件完成，以节省硬件成本。

2. 软件设计

（1）ICL 模块

该模块为从 A/D 转换器读取结果的模块，它连续读 3 次，读出的 3 个结果分别存放于内部 30H～35H 单元（双字节存放）。

（2）WAVE 数字滤波模块

该模块为将 ICL 模块输出的 3 个结果排序，取中间的数作为选用的测量值。此模块可以避免因电路偶然波动而引起的脉冲量的干扰,使显示数据平稳。

（3）MODIFY 模块

该模块用于补偿热电偶冷端器 25 ℃时的量值,相当于仪表中的零点调到 25 ℃,所以称此模块为零点校正模块（温度为室温）。

（4）YA 查表模块

该模块是核心模块。表格数据是按一定规律增长的数据（0～655 ℃）,表格中电压值与温度值一一对应,电压值是热电偶输出信号乘以放大倍数（150）后的结果。它转换成十六进制数进行存放,低位在前,高位在后,因而它的数据地址可以代表温度值。

（5）查表法

采用二分查找法,DP 先找对半值与转换数据比较,看属于哪一半,修改表格上下限值,再进行对半比较,经过若干次,直到找到数据为止。

（6）DIR

采用动态 3 位显示,显示时间由实操测定,各模块设计完成后要进行测试,尽量使其内聚性强、模块间耦合性强,并采用数据耦合。

练习题

1. 对传感器输出的微弱电压信号进行放大时,为什么要采用测量放大器?

2. 在模拟量自动检测系统中常用的线性化处理方法有哪些?

3. 说明检测系统中非线性校正环节的作用。

4. 如何得到非线性校正环节的曲线?

5. 检测装置中常见的干扰有几种? 采取何种措施予以防止?

6. 脉冲电路中的噪声抑制有哪几种方法? 请简单表达它的抑制原理。

7. 光耦合器的特点是什么?

附　录

附表 1　铂铑 10‐铂热电偶(S 型)分度表(ITS‐90)

温度/℃	0	10	20	30	40	50	60	70	80	90
	热电动势/mV									
0	0.000	0.055	0.113	0.173	0.235	0.299	0.365	0.432	0.502	0.573
100	0.645	0.719	0.795	0.872	0.950	1.029	1.109	1.190	1.273	1.356
200	1.440	1.525	1.611	1.698	1.785	1.873	1.962	2.051	2.141	2.232
300	2.323	2.414	2.506	2.599	2.692	2.786	2.880	2.974	3.069	3.164
400	3.260	3.356	3.452	3.549	3.645	3.743	3.840	3.938	4.036	4.135
500	4.234	4.333	4.432	4.532	4.632	4.732	4.832	4.933	5.034	5.136
600	5.237	5.339	5.442	5.544	5.648	5.751	5.855	5.960	6.065	6.169
700	6.274	6.380	6.486	6.592	6.699	6.805	6.913	7.020	7.128	7.236
800	7.345	7.454	7.563	7.672	7.782	7.892	8.003	8.114	8.255	8.336
900	8.448	8.560	8.673	8.786	8.899	9.012	9.126	9.240	9.355	9.470
1 000	9.585	9.700	9.816	9.932	10.048	10.165	10.282	10.400	10.517	10.635
1 100	10.754	10.872	10.991	11.110	11.229	11.348	11.467	11.587	11.707	11.827
1 200	11.947	12.067	12.188	12.308	12.429	12.550	12.671	12.792	12.912	13.034
1 300	13.155	13.397	13.397	13.519	13.640	13.761	13.883	14.004	14.125	14.247
1 400	14.368	14.610	14.610	14.731	14.852	14.973	15.094	15.215	15.336	15.456
1 500	15.576	15.697	15.817	15.937	16.057	16.176	16.296	16.415	16.534	16.653
1 600	16.771	16.890	17.008	17.125	17.243	17.360	17.477	17.594	17.711	17.826
1 700	17.942	18.056	18.170	18.282	18.394	18.504	18.612	—	—	—

附表 2　镍铬-镍硅热电偶(K 型)分度表

温度/℃	0	10	20	30	40	50	60	70	80	90
	热电动势/mV									
0	0.000	0.397	0.798	1.203	1.611	2.022	2.436	2.850	3.266	3.681
100	4.095	4.508	4.919	5.327	5.733	6.137	6.539	6.939	7.338	7.737
200	8.137	8.537	8.938	9.341	9.745	10.151	10.560	10.969	11.381	11.793
300	12.207	12.623	13.039	13.456	13.874	14.292	14.712	15.132	15.552	15.974
400	16.395	16.818	17.241	17.664	18.088	18.513	18.938	19.363	19.788	20.214
500	20.640	21.066	21.493	21.919	22.346	22.772	23.198	23.624	24.050	24.476
600	24.902	25.327	25.751	26.176	26.599	27.022	27.445	27.867	28.288	28.709
700	29.128	29.547	29.965	30.383	30.799	31.214	31.214	32.042	32.455	32.866
800	33.277	33.686	34.095	34.502	34.909	35.314	35.718	36.121	36.524	36.925
900	37.325	37.724	38.122	38.915	38.915	39.310	39.703	40.096	40.488	40.879
1 000	41.269	41.657	42.045	42.432	42.817	43.202	43.585	43.968	44.349	44.729
1 100	45.108	45.486	45.863	46.238	46.612	46.985	47.356	47.726	48.095	48.462
1 200	48.828	49.192	49.555	49.916	50.276	50.633	50.990	51.344	51.697	52.049
1 300	52.398	52.747	53.093	53.439	53.782	54.125	54.466	54.807	—	—

附表 3　铂铑 30-铂铑 6 热电偶(B 型)分度表

温度/℃	0	10	20	30	40	50	60	70	80	90
	热电动势/mV									
0	−0.000	−0.002	−0.003	0.002	0.000	0.002	0.006	0.11	0.017	0.025
100	0.033	0.043	0.053	0.065	0.078	0.092	0.107	0.123	0.140	0.159
200	0.178	0.199	0.220	0.243	0.266	0.291	0.317	0.344	0.372	0.401
300	0.431	0.462	0.494	0.527	0.516	0.596	0.632	0.669	0.707	0.746
400	0.786	0.827	0.870	0.913	0.957	1.002	1.048	1.095	1.143	1.192
500	1.241	1.292	1.344	1.397	1.450	1.505	1.560	1.617	1.674	1.732
600	1.791	1.851	1.912	1.974	2.036	2.100	2.164	2.230	2.296	2.363
700	2.430	2.499	2.569	2.639	2.710	2.782	2.855	2.928	3.003	3.078
800	3.154	3.231	3.308	3.387	3.466	3.546	2.626	3.708	3.790	3.873
900	3.957	4.041	4.126	4.212	4.298	4.386	4.474	4.562	4.652	4.742
1 000	4.833	4.924	5.016	5.109	5.202	5.2997	5.391	5.487	5.583	5.680
1 100	5.777	5.875	5.973	6.073	6.172	6.273	6.374	6.475	6.577	6.680

续表

温度/℃	0	10	20	30	40	50	60	70	80	90
	热电动势/mV									
1 200	6.783	6.887	6.991	7.096	7.202	7.038	7.414	7.521	7.628	7.736
1 300	7.845	7.953	8.063	8.172	8.283	8.393	8.504	8.616	8.727	8.839
1 400	8.952	9.065	9.178	9.291	9.405	9.519	9.634	9.748	9.863	9.979
1 500	10.094	10.210	10.325	10.441	10.588	10.674	10.790	10.907	11.024	11.141
1 600	11.257	11.374	11.491	11.608	11.725	11.842	11.959	12.076	12.193	12.310
1 700	12.426	12.543	12.659	12.776	12.892	13.008	13.124	13.239	13.354	13.470
1 800	13.585	13.699	13.814	—	—	—	—	—	—	—

附表 4　镍铬-铜镍(康铜)热电偶(E 型)分度表

温度/℃	0	10	20	30	40	50	60	70	80	90
	热电动势/mV									
0	0.000	0.591	1.192	1.801	2.419	3.047	3.683	4.329	4.983	5.646
100	6.317	6.996	7.683	8.377	9.078	9.787	10.501	11.222	11.949	12.681
200	13.419	14.161	14.909	15.661	16.417	17.178	17.942	18.710	19.481	20.256
300	21.033	21.814	22.597	23.383	24.171	24.961	25.754	26.549	27.345	28.143
400	28.943	29.744	30.546	31.350	32.155	32.960	33.767	34.574	35.382	36.190
500	36.999	37.808	38.617	39.426	40.236	41.045	41.853	42.662	43.470	44.278
600	45.085	45.891	46.697	47.502	48.306	49.109	49.911	50.713	51.513	52.312
700	53.110	53.907	54.703	55.498	56.291	57.083	57.873	58.663	59.451	60.237
800	61.022	61.806	62.588	63.368	64.147	64.924	65.700	66.473	67.245	68.015
900	68.783	69.549	70.313	71.075	71.835	72.593	73.350	74.104	74.857	75.608
1 000	76.358	—	—	—	—	—	—	—	—	—

附表 5　铁-铜镍(康铜)热电偶(J 型)分度表

温度/℃	0	10	20	30	40	50	60	70	80	90
	热电动势/mV									
0	0.000	0.507	1.019	1.536	2.058	2.585	3.115	3.649	4.186	4.725
100	5.268	5.812	6.359	6.907	7.457	8.008	8.560	9.113	9667	10.222
200	10.777	11.332	11.887	12.442	12.998	13.553	14.108	14.663	15.217	15.771
300	16.325	16.879	17.432	17.984	18.537	19.089	19.640	20.192	20.743	21.295

续表

温度/℃	0	10	20	30	40	50	60	70	80	90
	热电动势/mV									
400	21.846	22.397	22.949	23.501	24.054	24.607	25.161	25.716	26.272	26.829
500	27.388	27.949	28.511	29.075	29.642	30.210	30.782	31.356	31.933	32.513
600	33.096	33.683	34.273	34.867	35.464	36.066	36.671	37.280	37.893	38.510
700	39.130	39.754	40.382	41.013	41.647	42.288	42.922	43.563	44.207	44.852
800	45.498	46.144	46.790	47.434	48.076	48.716	49.354	49.989	50.621	51.249
900	51.875	52.496	53.115	53.729	54.341	54.948	55.553	56.155	56.753	57.349
1 000	57.942	58.533	59.121	59.708	60.293	60.876	61.459	62.039	62.619	63.199
1 100	63.777	64.355	64.933	65.510	66.087	66.664	67.240	67.815	68.390	68.964
1 200	69.536	—	—	—	—	—	—	—	—	—

附表 6　铜-铜镍(康铜)热电偶(T型)分度表

温度/℃	0	10	20	30	40	50	60	70	80	90
	热电动势/mV									
−200	−5.603	—	—	—	—	—	—	—	—	—
−100	−3.378	−3.378	−3.923	−4.177	−4.419	−4.648	−4.865	−5.069	−5.261	−5.439
0	0.000	0.383	−0.757	−1.121	−1.475	−1.819	−2.152	−2.475	−2.788	−3.089
0	0.000	0.391	0.789	1.196	1.611	2.035	2.467	2.980	3.357	3.813
100	4.277	4.749	5.227	5.712	6.204	6.702	7.207	7.718	8.235	8.757
200	9.268	9.820	10.360	10.905	11.456	12.011	12.572	13.137	13.707	14.281
300	14.860	15.443	16.030	16.621	17.217	17.816	18.420	19.027	19.638	20.252
400	20.869	—	—	—	—	—	—	—	—	—

参 考 文 献

［1］ 耿淬,刘冉冉. 传感与检测技术[M]. 北京:北京理工大学出版社,2012.

［2］ 许磊. 传感器技术与应用[M]. 北京:高等教育出版社,2014.

［3］ 耿欣. 传感器与检测技术(项目教学版)[M]. 北京:清华大学出版社,2014.

［4］ 何新洲,何琼. 传感器与检测技术[M]. 武汉:武汉大学出版社,2009.

［5］ 周润景,郝晓霞. 传感器与检测技术[M]. 北京:电子工业出版社,2009.

［6］ 刘伟. 传感器原理及实用技术[M]. 2 版. 北京:电子工业出版社,2009.

［7］ 陈江进,杨辉. 传感器与检测技术[M]. 北京:国防工业出版社,2012.

［8］ 陈平,罗晶. 现代检测技术[M]. 北京:电子工业出版社,2004.

［9］ 刘君华. 智能传感器系统[M]. 西安:西安电子科技大学出版社,1999.

［10］张伦,冯新强,吴常津. 传感器与信号调理器件应用技术[M]. 北京:科学出版社,2002.

［11］郝云. 传感器原理与应用[M]. 北京:电子工业出版社,2002.

［12］马西泰. 自动检测技术[M]. 北京:机械工业出版社,2003.

［13］强锡富. 传感器[M]. 2 版. 北京:机械工业出版社,2000.

［14］赵玉刚,邱东. 传感器基础[M]. 北京:北京大学出版社,2006.

［15］金发庆. 传感器技术与应用[M]. 北京:机械工业出版社,2002.

［16］牛德芳. 半导体传感器原理及其应用[M]. 大连:大连理工大学出版社,1993.